给孩子的网络生存手册

我能在网络上保护自己

[英]本·哈伯德 著　[阿根廷]迭戈·魏斯贝格 绘　小砂 译

中信出版集团|北京

图书在版编目（CIP）数据

我能在网络上保护自己 /（英）本·哈伯德著；（阿根廷）迭戈·魏斯贝格绘；小砂译. -- 北京：中信出版社, 2020.9

（给孩子的网络生存手册）

书名原文: Digital Citizens: Safety and Security

ISBN 978-7-5217-1946-8

Ⅰ. ①我… Ⅱ. ①本… ②迭… ③小… Ⅲ. ①网络安全 – 青少年读物 Ⅳ. ①TN915.08-49

中国版本图书馆CIP数据核字（2020）第101723号

我能在网络上保护自己
（给孩子的网络生存手册）

著　　者：[英] 本 · 哈伯德
绘　　者：[阿根廷] 迭戈 · 魏斯贝格
译　　者：小砂

出版发行：中信出版集团股份有限公司
（北京市朝阳区惠新东街甲 4 号富盛大厦 2 座　邮编　100029）
承 印 者：北京联兴盛业印刷股份有限公司

开　　本：889mm × 1194mm　1/16　　印　　张：2　　字　　数：30千字
版　　次：2020年9月第 1 版　　印　　次：2020年9月第 1 次印刷
京权图字：01-2020-3266
书　　号：ISBN 978-7-5217-1946-8
定　　价：109.00元（全6册）

出　　品　中信儿童书店
图书策划　如果童书
策划编辑　陈倩颖
责任编辑　房阳
营销编辑　张远　邝青青
美术设计　佟坤
内文排版　北京沐雨轩文化传媒

目 录

网络世界里安全是第一位的

只要登录了互联网，我们就融入了这个巨大的网络世界。在这个世界里，我们可以使用智能手机、平板电脑或者台式电脑等各种设备与全球数十亿人互动交流。全球网络社会就是由这些登录了互联网的人共同组成的。如果你也使用了互联网，你就和他们一样一起构成了网络社会。那么，进入网络世界意味着什么呢？

跟来自世界各地的小伙伴们聊天好开心呀。

现实世界和网络世界

在现实世界里，我们每个人都是公民，享有法律规定的权利并应履行相应的义务。对公民来讲，具备良好的素养，懂得照顾好自己和他人，并且乐于为建设更美好的社会贡献自己的力量，这些非常重要。在网络世界也是一样的，但网络世界比街道社区、城市和国家都大得多，它覆盖全球，而且没有边界。因此，要将网络社会打造成一片属于大家的安全、有趣、精彩无限的天地，需要我们所有人的共同努力。

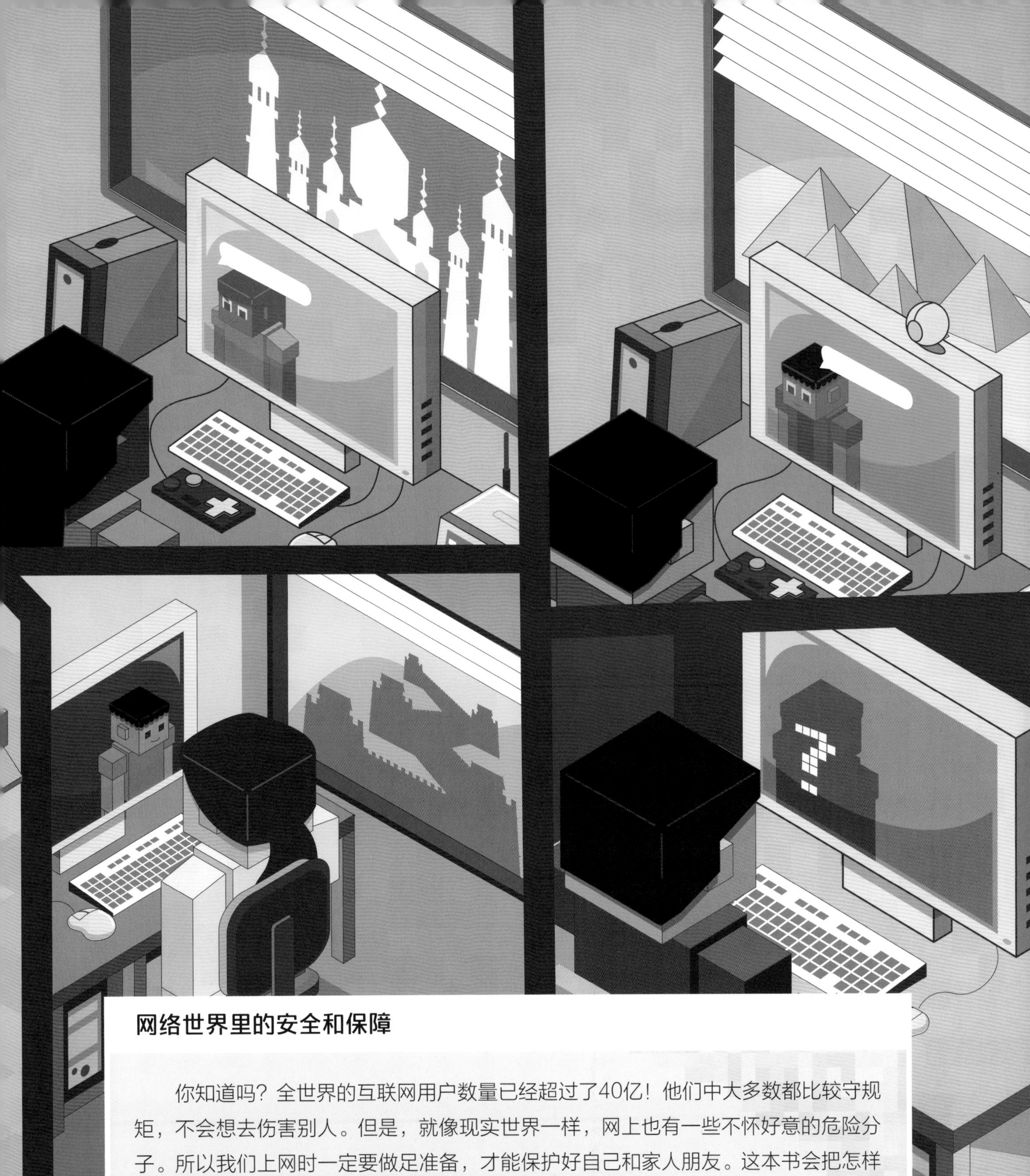

网络世界里的安全和保障

你知道吗？全世界的互联网用户数量已经超过了40亿！他们中大多数都比较守规矩，不会想去伤害别人。但是，就像现实世界一样，网上也有一些不怀好意的危险分子。所以我们上网时一定要做足准备，才能保护好自己和家人朋友。这本书会把怎样在网络世界保障自身安全的方法教给你。

网络安全意识有哪些

上网的时候一定要保护好自己，不过上网毕竟不是上战场！这里的“保护”主要是指做好一些预防，然后在上网期间保持头脑清醒就行啦。比如说，要始终保护自己的个人信息和隐私不泄露；设置安全性高的密码；对未知的风险和威胁具备防范意识。自我保护还意味着不相信各种网络骗局和钓鱼网站，并且给自己的电子设备做好防护，不让恶意程序和黑客入侵。

做好设备防护

手机、电脑就像是我们的移动个人文件柜，里面存储着我们的隐私和个人信息。如果这些电子设备丢了或者被偷走，我们损失的就不只是照片、音乐、文件和聊天记录了，登录着的各个账号都可能被盗。这就是要给设备设置密码的原因。

保护个人隐私

要安全上网，在线上遇到陌生人的时候我们就要小心一些，这一点跟现实中的做法是一样的。怎么小心呢？就是要时刻注意保护自己的个人信息。聪明的小网民懂得在网络账号上使用虚拟头像和昵称，不使用真实姓名和照片，而且绝不把电话号码和地址等涉及隐私的个人信息发到网上。

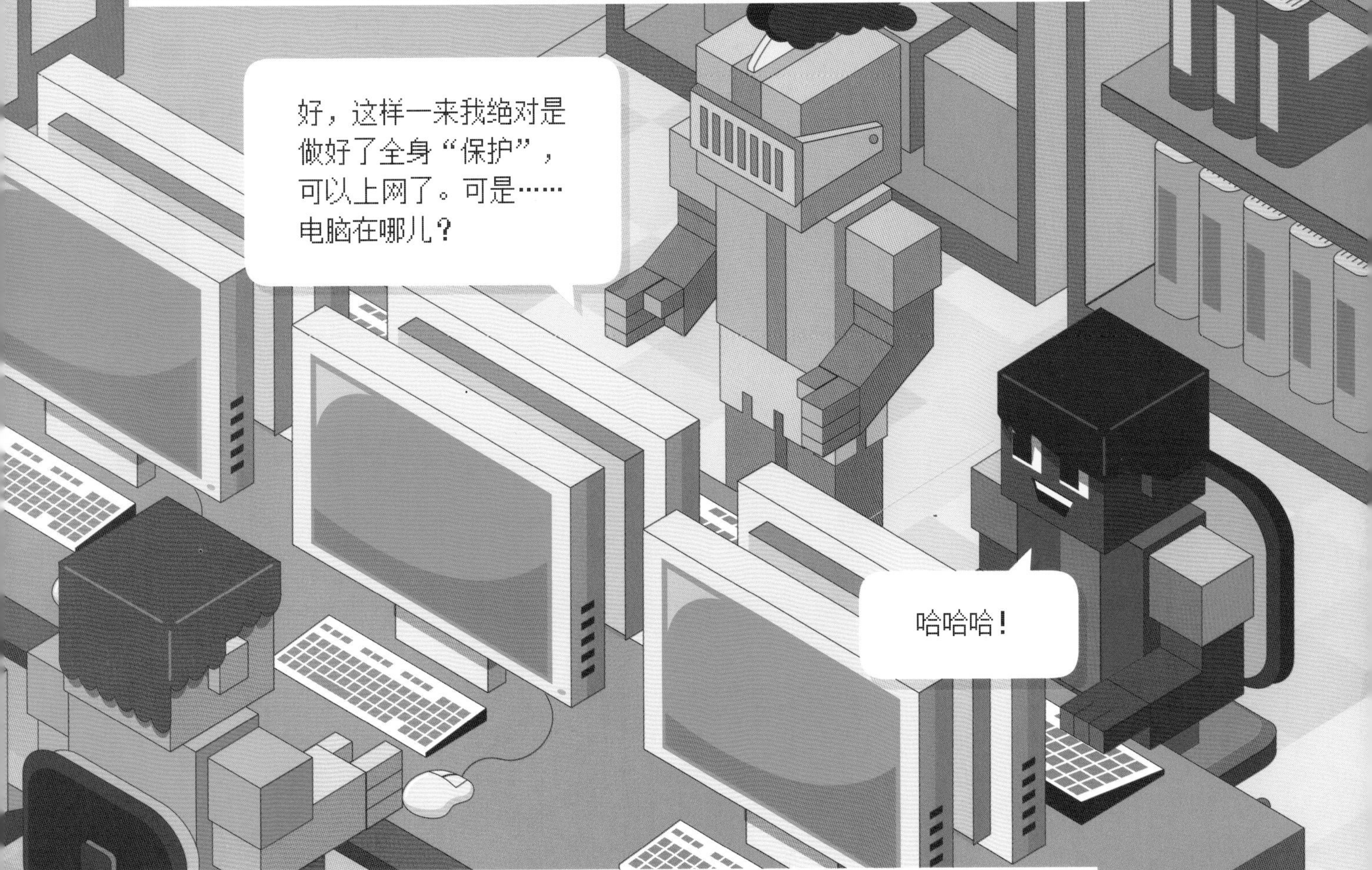

好，这样一来我绝对是做好了全身“保护”，可以上网了。可是……电脑在哪儿？
哈哈哈！

识别网络风险

网上也有骗子，他们会使用各种方法来坑蒙拐骗，比如使用病毒或者恶意软件等来入侵我们的电子设备，或者盗取我们的网络账号，窃取个人信息。但只要我们了解了骗局的各种套路，并且运用常识来加以防范，一般来说都可以避免上当受骗。

怎样设置网络身份

上网的时候，旁边有个你信得过的大人帮忙，是很有好处的。他们可以在注册社交媒体账号、设置昵称和头像的时候给你建议，还能告诉你如何在网络世界正确导航，避开那些不适合儿童浏览的网站。最重要的是，如果出了问题，你永远可以找这位信得过的大人求助。

选择好信得过的大人

选择好自己信得过的大人是一个很重要的环节。这位大人可以是你的爸爸妈妈，也可以是一直照顾你的长辈或者家里的其他成年人。当然，这位你信得过的大人最好是比你更懂网络知识，不然，你很快就会变成反过来帮助他们的“信得过的人”了!

爷爷，您准备怎样保证我安全浏览互联网呢？
互联网是啥？是不是拿来弄电子邮件的？

创造网络身份

为避免透露太多个人信息，应该在自己的网络账号上使用网名和头像。网名就是昵称，你可以依自己的喜好，爱怎么起就怎么起，比如有人会把偶像歌手的名字加上几个数字作为自己的网名。头像就是你在网上给大家展示的个人图标，很多人的头像都是电影明星或者动漫人物。

保护好你的个人信息

在现实生活中，我们肯定不会把自己的个人信息随便告诉街上的陌生人。在网络世界中，道理也是一样的。那么，我们的个人信息包括哪些呢？我们怎样才能区分哪些属于隐私，哪些可以公开告诉别人呢？

隐私信息

个人信息就是能够准确描述你个人身份的信息。一般包括以下几种。

· 姓名
· 家庭住址
· 学校名称
· 电话号码
· 年龄
· 家人和朋友的个人信息

你好呀，温斯顿，你能不能给我发一下萨姆的电话号码？干脆发到你的朋友圈呗。
不好意思，这可不行，那样人人都知道他的号码了。你直接问他本人吧。

可以公开的个人信息

有许多信息并不会透露你的身份，因此在网上发出去给大家看也没有什么危险，毕竟如果什么都不能发的话，你上网就只能当哑巴了。可以在网上公开的信息包括：

· 你的观点和看法，你公开发表的看法要尊重他人，也不能违反法律。
· 你最喜欢的美食、歌手或者体育比赛队伍。
· 你有几只宠物。
· 你喜欢的度假胜地。
· 你的理想职业。

怎样安全地设置密码

密码可以用来保护我们的网络账号，比如电子邮箱和社交媒体账号。别人没有密码就不能使用我们的账号，所以这也是我们主要的保护手段。还有一种保护方法是给电子设备设置密码。设了密码有什么好处呢？就是即使手机、平板电脑或者笔记本电脑被偷了，小偷也无法打开设备，拿不到里面存储的信息。

设置电子设备密码

这种密码一般由一串数字组成，需要输入正确才能打开电子设备，如果没有密码，设备就只能停留在解锁界面。有的电子设备甚至会在你错误输入密码达一定次数时锁定设备。现在有很多电子设备是通过指纹或人脸识别来解锁的。

选择密码

密码通常是一串字母、数字和特殊字符的组合，只有你一个人知道。一般来说，密码越长，越难破解。如果可以的话，最好设置12位以上的密码。密码要尽量包含不同的数字和字母组合，大小写字母都放进去，但是一定要保证自己记得住哟！举个例子，8岁的吉妮就选择了下面这个密码。

1 Oito

（葡萄牙语“8”的意思）

设置网络账号密码

可靠的密码是你保护自己的网络账号不被别人破解和盗取的最好手段。很多网站，比如社交媒体网站，每次都要求你输入密码才能登录。你最多把密码告诉你信得过的大人，而且不要把密码写到纸上。上完网之后退出登录也是很重要的，特别是使用公共设备的时候。

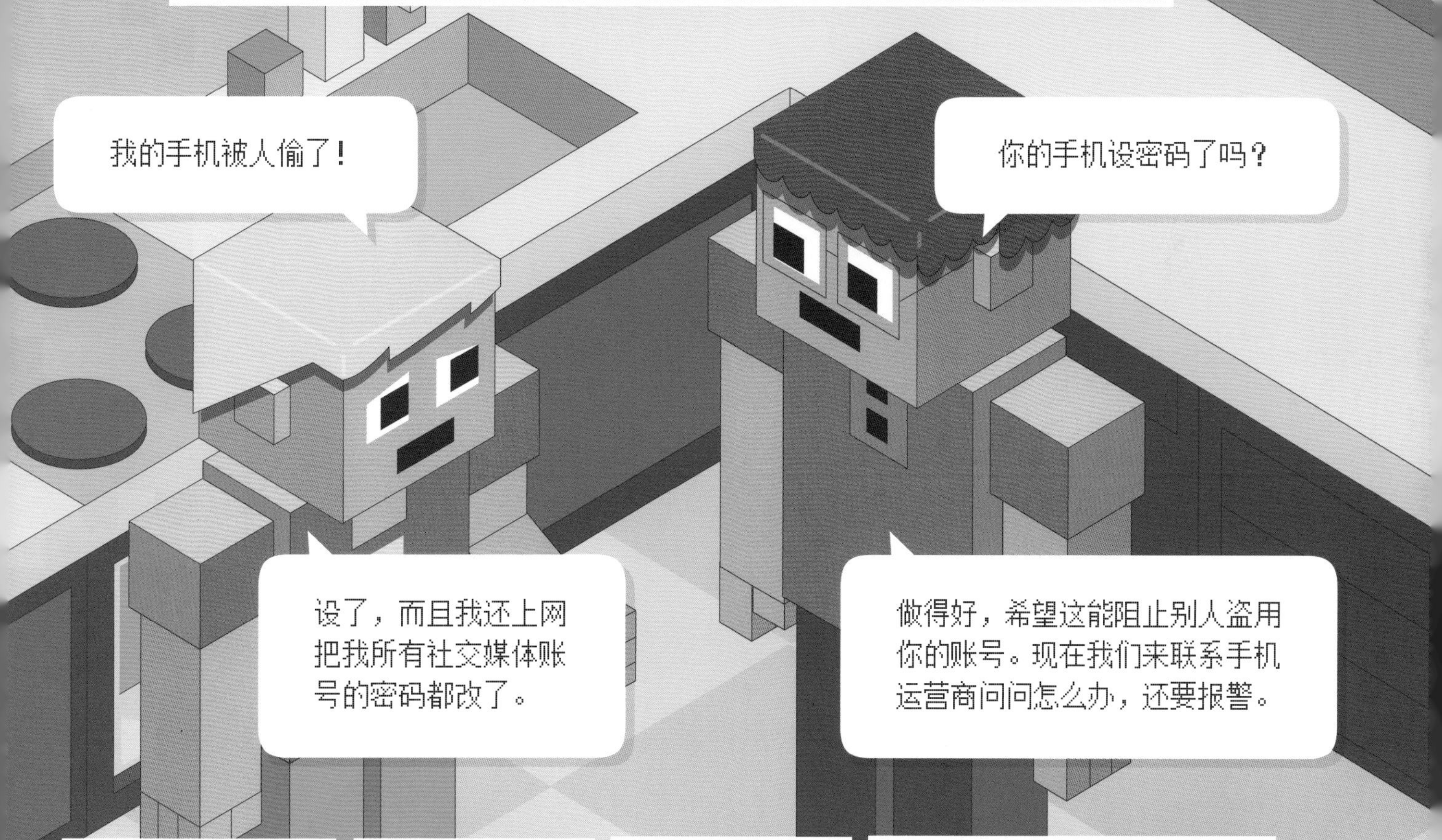

我的手机被人偷了！

你的手机设密码了吗？

设了，而且我还上网把我所有社交媒体账号的密码都改了。

做得好，希望这能阻止别人盗用你的账号。现在我们来联系手机运营商问问怎么办，还要报警。

2 **MAS**
（她的宠物狗名叫Sam，倒着写就是mas，再全部大写）

3 **1973**
（她最喜欢的叔叔的出生年份）

4 **********
（6个星号，代表吉妮是6岁的时候拥有狗狗Sam的）

5 于是她的全部密码就是：
OitoMAS1973******

遇到网络暴力怎么办

网络暴民和网络“喷子”就是喜欢在网上出言不逊，伤害、骚扰其他的网络用户。他们常常发布垃圾评论或者粗俗的照片，要不就是给受害者发些恶意满满的消息。遇到网络“喷子”和网络暴民一定要重视起来，不要让问题变得更糟。

远离网络暴民

有时，网络暴民是我们认识的人，他们存心要在网上找我们的麻烦。因此，遇到网络暴民欺负你时，一定要赶快告诉你信得过的大人。他们会看情况联系学校，或者联系欺凌行为发生的网站运营商，甚至报警。要记住，被人欺负不是你的错，不能怪你。

不要理会网络“喷子”

网络“喷子”一般都是我们不认识的陌生人，他们在网上“喷人”是随机的，并不针对特定对象。这些“喷子”通常在论坛或者聊天室“潜水”，找准机会就会出来发表垃圾评论、发布垃圾照片等。有时候，被“喷”几句好像没什么大不了的，而且感觉这人极其无聊，但实际上“喷人”也是网络暴力的一种，看到就应该举报。举报以后，你最好遵循“无视”“屏蔽”“取关”三步走的原则来对待这些“喷子”。没有人理的话，他们一般就会撤退了。

别跟他们多说，记住，最好是“无视”“屏蔽”“取关”。一会儿我们再去告诉爸爸。
他们居然敢这样说我！以为我不说话就好欺负，是不是？

拒绝人肉搜索

“人肉搜索”指的是网络暴民把受害者的个人信息发到网上，让其他人都来欺负受害者的行为。有时候，网络暴民会盗取受害者的个人账号，偷看其个人信息，然后实施违法行为。由此可见，设置一个可靠的密码多么重要。我国最新发布的《网络信息内容生态治理规定》对这种违法行为做出了相应的规定。

关于社交媒体的隐私设置

很多人都通过社交媒体跟亲朋好友保持联系和沟通。在我们使用的社交媒体里，我们会有自己的主页，可以发布照片、视频和帖子，描述自己的小心情、小感想。别人可以评论我们的动态，我们也可以评论他们的。但是要注意，加好友的时候，一定得谨慎一些！

用户名：
宠狗狂人 23
啊？这是谁啊？多个好友倒是没关系，但是我不认识这人啊！爸爸，你来看看！

慎重添加好友

社交媒体就像是会员制俱乐部，你可以通过添加好友来选择让谁成为你的“俱乐部”的会员。加完好友，你们就可以互相查看对方的主页和帖子了。别人可以邀请你成为他们的好友，你也可以邀请他们。但是选择把谁加为好友的时候一定要慎重哟！

分享给谁有讲究

你可以在自己的社交媒体账号上，通过改变隐私设置来选择谁能看到你主页的内容。这类设置一般有这几个选项：“仅好友可见”、“非好友仅可显示最近三天的内容”及“所有人可见”。最好的办法是选择“仅好友可见”，这样就可以屏蔽陌生人的访问。可以让你信得过的大人帮你设置。

分辨“危险陌生人”的方法

想认识和自己兴趣相投的新朋友？网络论坛和在线聊天室都是很不错的平台。不过，与社交媒体不同的是，聊天室里面的人基本都是陌生人。这就意味着你在和别人互动时，必须格外小心，即使感觉很快就跟他们混熟了也不要放松警惕。

我的头像是面具女侠，你的是谁？
我的头像是炫酷队长！你多大了？
九岁，你呢？
我也九岁！

判断“危险陌生人”的信号

网上居心叵测的陌生人一般都很善于赢得小朋友们的信任。他们会装作与你喜好相同，并且对你说的每一句话都很感兴趣。很快他们就会变得仿佛是你最知心的朋友一样。但是，其实他们不久就会露出马脚，有些危险的信号应该引起你的警觉。在这个时候，一定要把事情告诉你信得过的大人。可能的危险信号包括这些。

1 问你上哪所学校，住在哪个区。

你到底是谁？

就是因为你在网络论坛或者在线聊天室里遇到的所有人都藏在自己的头像和网名后面，你可能永远都不会知道他们实际上是什么人。也许有人自称是个来自美国纽约的8岁小姑娘，但他实际上是个43岁的英国伦敦大叔。有时候，网上有一些危险分子会对小孩子伸出魔爪，想要伤害他们。这就是为什么你不能把自己的个人信息告诉任何人。

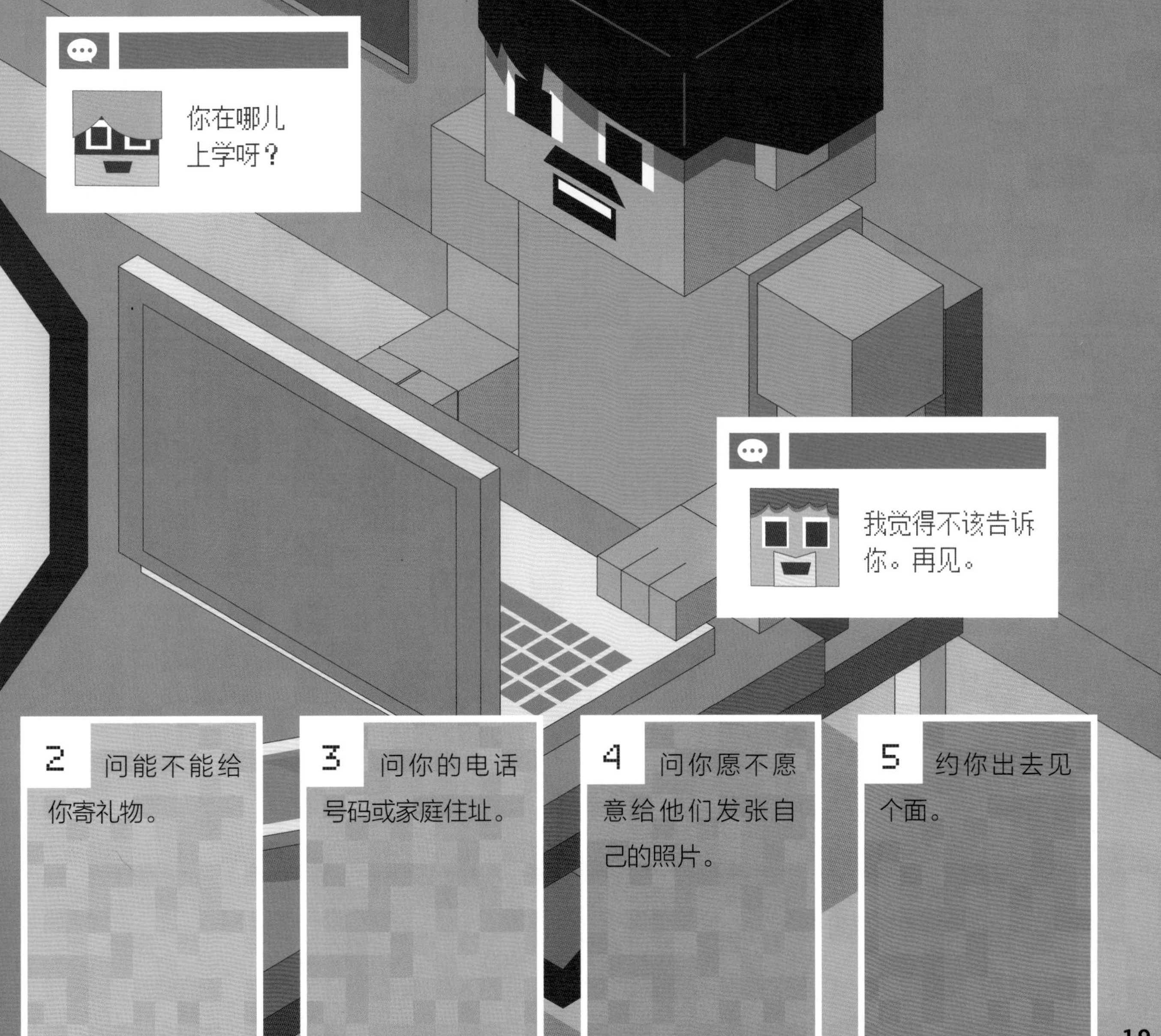

你在哪儿上学呀？
我觉得不该告诉你。再见。

2 问能不能给你寄礼物。

3 问你的电话号码或家庭住址。

4 问你愿不愿意给他们发张自己的照片。

5 约你出去见个面。

遇到威胁你要这么做

就算是最谨慎、最小心的网络用户，上网的时候也可能会犯错误。比如一不留神，跟不知底细的网友说了太多关于自己的事情，把不少个人信息告诉了他们，发了照片，或者答应了去做什么，但是其实自己并不愿意。一定要记住，发生任何这类事情，你随时都可以告诉你信得过的大人，什么时候都不晚。另外还有一点很重要，就是如果你不愿意为某个网友做某件事，那就不要做，就算他们给你压力，逼你去做也不行。

我觉得我俩应该出来见见面。
如果你不来，我就找你麻烦。
我要把你发给我的照片拿去给你爸妈看。

对陌生人说“不”

那些网上的危险分子一般都是通过向受害人施压，甚至是威胁受害人的方式来达到他们目的的。如果你遇到这种事情，一定记住，你有能力对过分的要求说“不”。按照以下几个步骤去做，就能让局面变得好起来。

1 **把事情告诉你信得过的大人。**讲事情的时候要诚实，因为大人是站在你这边的。

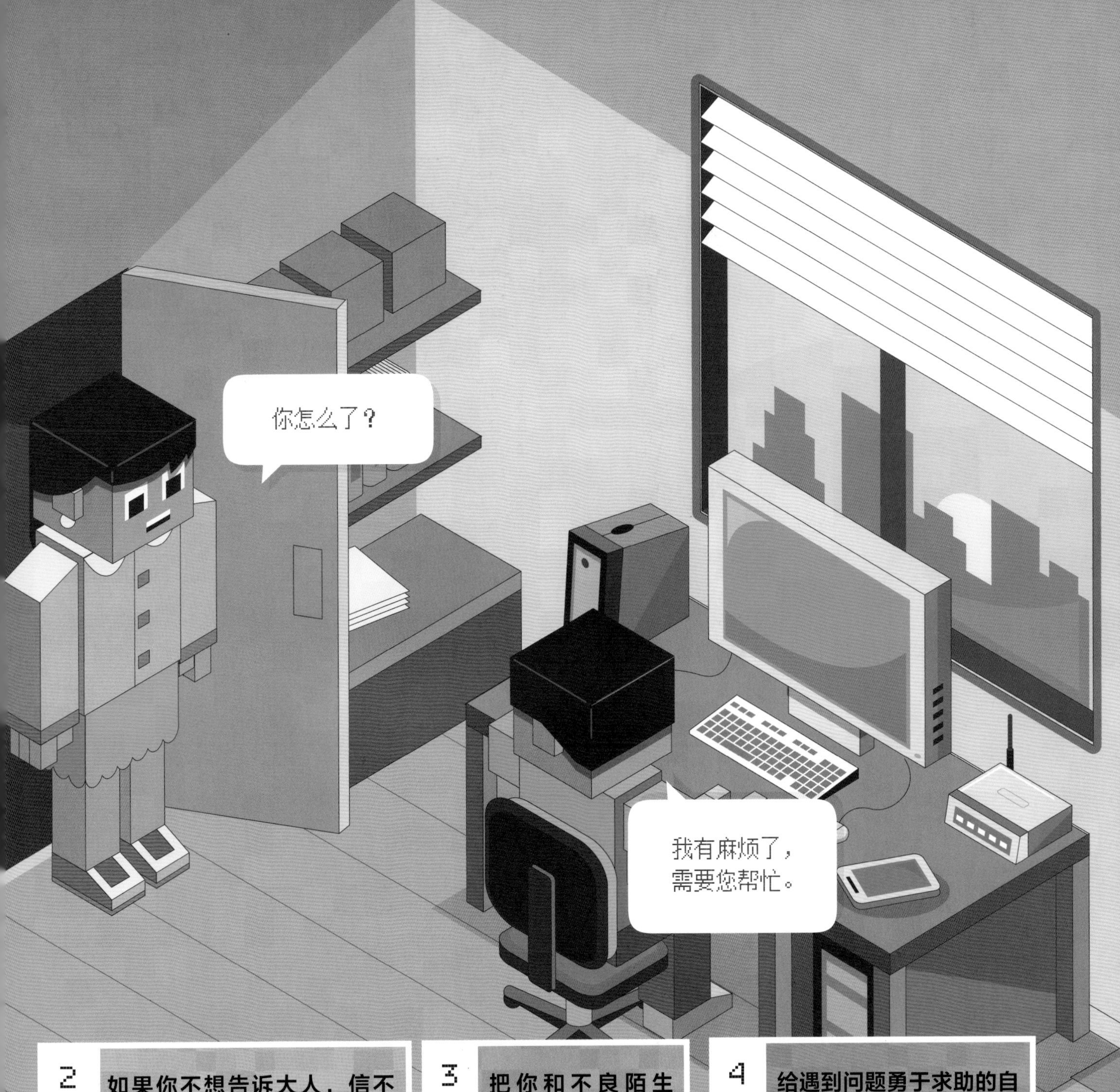

2 **如果你不想告诉大人，信不过他们，可以拨打专门的青少年求助热线。或者，咨询学校的心理医生，寻求帮助。**这些沟通内容属于你的隐私，不会被其他人知道。

3 **把你和不良陌生人的交流记录都保存下来，比如截图，这有利于你信得过的大人或者警察的调查。**保存完记录就把这个人从你所有的账号里“拉黑”。

4 **给遇到问题勇于求助的自己点赞。**求助是对的，这是把生活的主动权重新掌握在自己手里的第一步。记住，任何时候都不应该为开口求助感到羞耻，不管你遇到的是什么问题。

识别网络诈骗的方法

有一些网络犯罪分子会在网上通过欺诈、盗窃等手段非法牟取钱财。他们一般都会在网上设置陷阱，诱惑毫无戒心的网友上钩。大家很容易就会掉进这样的陷阱还不自知，所以上网时，最好一直保持警惕。

不要理睬虚假广告

你注意过吗？有些广告宣称，只用做很少的工作，就能得到很丰厚的报酬。这样的“好事”谁会拒绝呢？这类广告可能会说他们在找“童星”，能拍电视广告、拍电影……等你回应了，他们就会向你收取“中介费”，收了钱之后你就联系不上他们了。因此，最简单的办法就是从一开始就不予理睬。

火眼金睛拆骗局

要把虚假网站或者诈骗邮件同正规网站、邮件区分开来有时并不太容易。要判断真假，你可以注意一下有没有以下几个迹象。

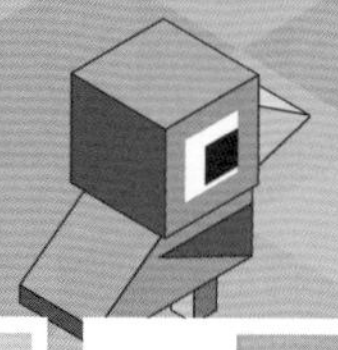

1 病句和错别字多

正规的企业都会有专门的人，负责在发帖之前改正文字方面的错误。但是网络犯罪分子大多不会这样。

2 出现可疑的链接

查看一个链接的真正网址，比如把鼠标放在这个链接上（不用点击），跟正规公司的网址比较一下，就能看出来这个链接是不是通向钓鱼网站。

识别钓鱼邮件和钓鱼网站

“钓鱼”邮件的意思是你收到的邮件里包含一个链接，点击之后就会转到钓鱼网站。这个网站可能会让你下载某个文件，或者让你输入个人信息、信用卡密码等。你输入以后，信用卡就会被非法盗用。你下载的文件里也可能含有病毒或木马，它们会入侵你的电脑，盗取你的个人信息。

你收到学校发的电子邮件了吗？说是让填个人信息。

没收到啊，听起来有点儿问题。来，我看看。

看，这个网址不对劲，而且邮件里满篇错别字，链接也像骗人的。

这是钓鱼邮件！

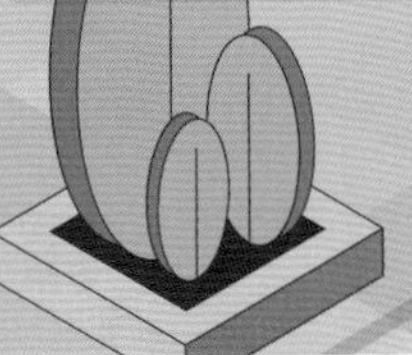

3 缺少联系方式

网站如果不写公司地址和联系电话的话，有很大可能是钓鱼网站。你也可以在线查看网站的域名，了解一下该网站是否可信。可以找你信得过的大人帮忙。

4 套取个人信息

正规的网站或者邮件是绝对不会让你填写银行账户密码或者个人信息，用来套取你的隐私的。一定要注意对这些信息保密。

警惕弹窗和其他网络陷阱

网络世界是一个纷繁复杂的世界，各种弹窗、浮动广告和“中奖”通知多得令人抓狂。有时候手一滑，就会不小心点到不该点的东西，然后就掉到不知什么陷阱里去了。为了上网时不偏离正轨，就要小心下面一些东西。

我刚中了一个新手机！他们说，只要把父母的信用卡信息发给他们，付一下邮费就行。太值啦！

警惕中奖陷阱

“恭喜你，获得最新款手机一台！”在网上看到这类广告时，我们可能会想，还有这样的好事？真让人难以置信。其实，不信就对了。如果你点进这个窗口，它就会让你填写电子邮箱、收货人信息和地址，有时候还会让你填信用卡卡号，说是为了给你寄奖品。可能你搞不懂骗术，但要记住，这些广告都是骗人的，千万不要上当哟！

点击正确的链接

下载最新版软件或者游戏时，我们通常会点击看到的第一个下载链接，但有时这链接是假冒的，点了之后就会释放病毒或者恶意软件。所以，一定要确保你下载东西的网站是可靠的。

小心个人信息被盗

你的手机有没有收到过这种弹窗广告？比如说可以给你测运势或者测试“你和《星球大战》中的哪个角色最相似”。输入手机号便可进行测试。但是，输入了手机号，同意了网站的条款之后，你的个人信息可能就被窃取了。所以看到这种广告不要暴露自己的手机号，最好马上点击退出。

这些信用卡消费项目是怎么回事，你知道吗？
我们被骗子骗了运费。新手机也压根没收到！

仔细判断，谨防不经意付费

在网上很容易不知不觉就付了费。比如有些游戏虽然是免费下载的，但是开启某个关卡就需要付费。你可能只想购买一个软件当月的会员权益，但进入支付页面，默认的是“到期自动续费”，结果下个月又被扣款。因为手机或软件里保存了支付账号，点错一个键就错误地付费了。想避免落入这些消费陷阱，需要用常识做出判断，还要仔细阅读软件使用和付费条款。

如何防止电子设备中毒

网络用户一定要保护好自己的网络账号，免受网络犯罪分子和骗子的侵扰。同时，也得保护好自己的电子设备哟！不要让电子设备被恶意软件入侵。

谢谢你想着我，还给我发电子贺卡。
祝你天天开心
不对……我没有给你发贺卡啊！等一下，别点！

恶意软件类型

恶意软件是在电子设备系统上执行恶意任务的软件，其目的就是损害电子设备，或者盗取里面存储的信息。主要有以下几种恶意软件。

1 **计算机病毒：**通常简称为病毒，是一种有害的恶意软件，它们会自行安装在电子设备中，或入侵已有的程序，而且能通过互联网广泛传播。

时刻保持警惕

防止恶意软件入侵的最简单办法就是不要点击任何可疑的链接或者电子邮件附件。及时更新杀毒软件能给你的设备加上一层保险。杀毒软件的设计理念就是从源头上阻止危险程序进入你的设备。另外，还要把防火墙打开。防火墙是一道安全屏障，能够阻止你的电子设备被入侵。

熟人信息也不能放松

有时，亲朋好友的邮箱被盗号之后，会给你发过来含有恶意软件的邮件，比如附带的电子贺卡里面可能就包含着恶意软件。所以接到带附件的电子邮件一定要当心，先看看有没有什么错别字或者其他可疑迹象，没问题再点开。

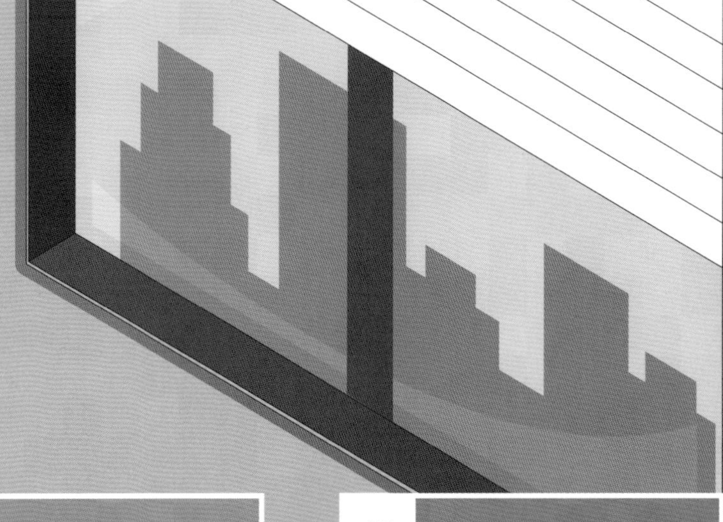

2 **间谍软件：**从你电子设备上盗取个人信息的恶意软件。

3 **木马：**用来在你电子设备里给别人打开隐蔽后门的恶意软件，一般是为了盗取信息。

小测验

看到这里，本书就要结束了。你对你的网络安全有什么思考呢？你学到了多少新东西，又记住了多少呢？做做下面这个小测验，看看最后你能答对多少题。

1. 用什么方式可以在上网时少透露你的隐私？

A. 盔甲

B. 头像和网名

C. 文件柜

2. 以下哪项属于个人隐私？

A. 你最喜欢的颜色、足球队和美食

B. 你养了几只宠物

C. 你的电话号码和家庭住址

3.以下哪个密码比较难以破解？

A. 123456789

B. Mima

C. £DinnerTRAIN791;-(

4. 以下哪一个名称指的是网上出言不逊攻击别人的人？

A. 喷子

B. 盆子

C. 喷墨

5. 如果陌生网友要你说出家庭住址，你该怎么办？

A. 给他们说个假地址

B. 把你表姐家的地址告诉他们

C. 跟你信得过的大人说这事

6. 你能通过哪个特征来识别钓鱼邮件？

A. 错别字很多

B. 主题就写着“这是钓鱼邮件”

C. 邮件里写了“绝对不骗你”

7. 如果没有信得过的大人同意，你绝对不能在网上输入什么内容？

A. 10到15之间的数字

B. 秘密飞船的启动指令

C. 你父母信用卡的详细信息

1～3道：

再接再厉，重做一遍，争取超过3道。

4～6道：

做得不错，通过测验！再做做其他册的小测验，看看能不能通过。

7道：

哇，全对哟！你真是天生的网络小达人！

答案：

1.B 2.C 3.C 4.A 5.C 6.A 7.C

词汇表

附件

作为电子邮件的一部分发送过来的文件，比如一张照片或者一个文档等。

头像

人们在网络上用于自我标识的图标或图片。

屏蔽

防止他人给你发垃圾信息的方法之一，或指不被允许访问某个网站。

网络暴力

在网络上发生或者借助网络应用程序进行的暴力行为。

下载

从互联网或其他计算机上获取信息，并储存在自己的设备里。

黑客

精通计算机技术，通过互联网入侵别人计算机和计算机局域网的人。

互联网

让全球数十亿计算机可以彼此连接的超大型电子网络。

恶意软件

对危险的电脑程序的统称，被制造出来造成其他电子设备的损坏或停机。

在线

通过电脑或其他数字设备连接到互联网。

隐私设置

社交媒体平台上的控制选项，让你决定谁能看到你的账号信息和发送的动态等内容。

社交媒体

网络用户彼此之间用来分享内容和信息的网络平台，主要包括：微博、微信、QQ 空间、短视频平台等。

网站

一个网站通常由多个网页组成，其数据储存在某台电脑服务器上，并允许大家通过互联网来访问。

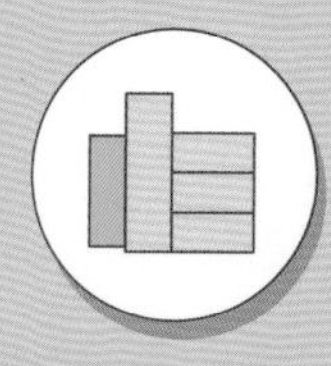

网络霸凌案例分析

请你阅读下面这则故事，帮助主人公小雨想想应对的办法。

小雨是市东小学五年级的学生。她一年前转学来到市东小学，一直积极融入班集体，学习成绩名列前茅。本学期有一个全市的小学生演讲比赛。经过班级、年级层层比赛选拔，最终小雨获得了代表全校参加全市比赛的资格。

但是小雨却因此非常困扰。她的QQ空间里突然多了很多不礼貌、莫名其妙的陌生留言:“没什么实力，不知道是怎么讨好老师赢来的参赛资格。”“一不漂亮、二没口才，还是不要去丢人现眼了。”“没人喜欢的转校生，等着拿倒数第一吧。”小雨看到后觉得非常委屈，躲在家里哭了好久。她将留言逐一删除，但是没想到还是不断有人发来新的恶意留言。

后来，同学们的QQ群里开始出现恶搞小雨的照片。她的照片被画上了大花袄、冲天辫，配上“土包子”的文字。还有人不知道从哪里找到了小雨小时候的照片，做了一套丑化表情包，在微信聊天时使用。甚至小雨的手机号也被泄露出去，她开始收到各种言语粗鲁的短信和电话。

小雨的同桌，也是她的好朋友珊珊想要帮她解释。她知道小雨来到班级这一年里所付出的所有努力，她很喜欢小雨这个新同学。但是，珊珊也被人讽刺，她的QQ空间里也出现留言说“跟小雨做朋友的人都假惺惺”。

因为这些，小雨好几天不敢去学校，每天醒来都很想哭，心情很压抑。她每天都在想自己到底是哪里做错了才惹来这样的非议，也没有信心再去参加全市的演讲比赛。

1. 请你分析，在这次事件中，存在哪些针对小雨的网络霸凌行为？ __________

   1）网友在网络上公开对小雨进行人身攻击。

   2）恶意中伤小雨是通过讨好老师获得的参赛资格，损坏她的名誉。

   3）未经同意，泄露小雨的手机号码。

   4）未经同意，丑化小雨的照片并发布到网络上。

   5）为黑化小雨的留言点赞，转发恶搞小雨的表情包。

   6）因为不服气小雨获得比赛资格，拉拢同学排挤小雨。

   7）留言攻击为小雨解释的朋友。

2. 要想帮助小雨，你可以怎么做？ __________

   1）建议小雨修改 QQ 空间的访问权限。

   2）建议小雨暂时不要浏览 QQ 空间，不去看那些恶意的留言。

   3）建议小雨不要直接回应那些恶意留言。

   4）建议小雨把那些存在霸凌行为的留言截屏保存，留作证据，向网站管理员投诉，以及请求帮助删除霸凌信息，避免扩散。

   5）建议小雨更换手机号码。

   6）帮助小雨理性思考，不要把这次的事件原因归结为自己的不好。

   7）陪同小雨一起去学校心理咨询室，听取心理医生的建议。

   8）把这件事情告知家长和班主任老师，请求大人的帮助。

给孩子的网络生存手册

我不会沉迷网络世界

[英]本·哈伯德 著 [阿根廷]迭戈·魏斯贝格 绘 小砂 译

中信出版集团 | 北京

图书在版编目（CIP）数据

我不会沉迷网络世界 /（英）本・哈伯德著；（阿根廷）迭戈・魏斯贝格绘；小砂译. -- 北京：中信出版社, 2020.9
（给孩子的网络生存手册）
书名原文: Digital Citizens: Health and Wellness
ISBN 978-7-5217-1946-8

Ⅰ. ①我… Ⅱ. ①本… ②迭… ③小… Ⅲ. ①互联网络－影响－身心健康－青少年读物 Ⅳ. ①R395.6-49

中国版本图书馆CIP数据核字（2020）第100068号

我不会沉迷网络世界
（给孩子的网络生存手册）

著　　者：[英]本・哈伯德
绘　　者：[阿根廷]迭戈・魏斯贝格
译　　者：小砂

出版发行：中信出版集团股份有限公司
（北京市朝阳区惠新东街甲 4 号富盛大厦 2 座　邮编　100029）
承 印 者：北京联兴盛业印刷股份有限公司

开　　本：889mm × 1194mm　1/16　　印　　张：2　　字　　数：30千字
版　　次：2020年9月第 1 版　　印　　次：2020年9月第 1 次印刷
京权图字：01-2020-3266
书　　号：ISBN 978-7-5217-1946-8
定　　价：109.00元（全6册）

出　　品　中信儿童书店
图书策划　如果童书
策划编辑　陈倩颖
责任编辑　房阳
营销编辑　张远　邝青青
美术设计　佟坤
内文排版　北京沐雨轩文化传媒

目 录

网络世界也要身心健康

只要登录了互联网，我们就融入了这个巨大的网络世界。在这个世界里，我们可以使用智能手机、平板电脑或者台式电脑等各种设备与全球数十亿人互动交流。全球网络社会就是由这些登录了互联网的人共同组成的。如果你也使用了互联网，你就和他们一样一起构成了网络社会。那么，进入网络世界意味着什么呢？

现实世界和网络世界

在现实世界里，我们每个人都是公民，享有法律规定的权利并应履行相应的义务。对公民来讲，具备良好的素养，懂得照顾好自己和他人，并且乐于为建设更美好的社会贡献自己的力量，这些非常重要。在网络世界也是一样的，但网络世界比街道社区、城市和国家都大得多，它覆盖全球，而且没有边界。因此，要将网络社会打造成一片属于大家的安全、有趣、精彩无限的天地，需要我们所有人的共同努力。

留意你的身心健康

网络世界很容易引人沉迷。拿起手机，打打游戏，刷刷社交网络，不知不觉几个小时就过去了。长时间上网可能会引起全身僵硬、腰酸背痛，而且在网上看到的东西有时候也会影响我们的心情。

虽然有这么多弊端，但不让我们上网也不太现实。不过，聪明的网络使用者懂得如何在上网和保持身心健康之间找到平衡。这本书将帮助你照顾好自己的身心健康。

你在做什么呢？
我在维护自己的健康，上网和日常生活两不误。
你拿那个水果准备做什么？
等下一次上网休息时间我就把它榨汁喝。

过度上网有哪些影响

在现实生活中，我们不会没准备好就去探险，上网也应该是一样的。网络用户要在身心两方面都为上网做好准备。下面就来看一看，为了防止上网造成不良影响，大家都应该做些什么吧。

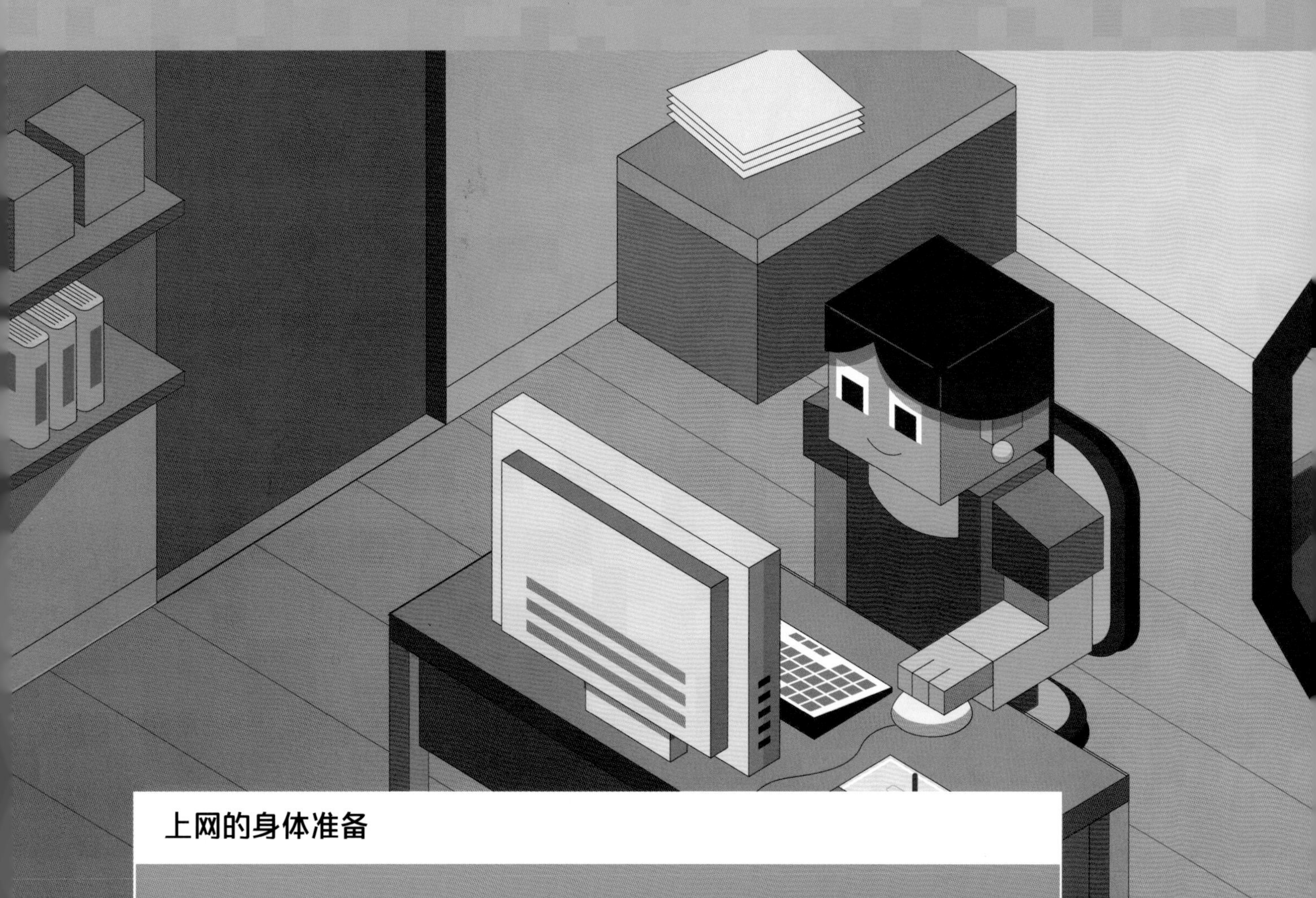

上网的身体准备

上网虽然不像跑马拉松那么累，但身体同样会吃不消！工作时长期使用电子设备的人，手、胳膊、背、脖子都可能会疼痛。不注意的话，这类疼痛会发展成比较严重的症状，导致重复性劳损（RSI，详见第8页）。不过，重复性劳损和其他类似的症状都能够避免，而且做起来也并不复杂。如果你做好了上网的身体准备，并且在上网时多加注意，一般就不会受到疼痛的困扰。

上网的心理准备

我们上网的时候，常常会觉得自己的大脑天生就能够适应上网需求，仿佛像个魔术师，发消息、看网页、打游戏……个个不耽误，样样玩得转。有时候，由于紧盯着屏幕，过于专注，几个小时不知不觉就过去了，之后才会感到有点儿筋疲力尽。尽管在长时间上网之后，有时很难集中注意力再做其他事情，我们还是会迫不及待地再次上网。

但是，我们都需要时不时给大脑放个假，从网络世界中解脱出来。这能让我们消化在网上看到的东西，并且提醒我们，网络世界不是现实。

避免劳损的正确姿势

人类的身体经过漫长的演化，已经能够适应各类体力活动，但这些体力活动并不包括坐在电脑前几小时反复不停地做小幅度动作。要完成这种新出现的工作，我们就必须要照顾到身体的需求，帮助它适应。

重复性劳损（RSI）

重复性劳损是一种多发于手部、腕部和臂部，会引起疼痛的疾病，通常由长期重复小幅度动作引起，许多电脑用户深受其害，比如你可能听过“鼠标手”这种名词。重复性劳损的症状包括肢体僵硬、刺痒、麻木和有烧灼感，等等。如果你身上也出现了这些症状，即使只有一种，你也应该控制使用电子设备的时间，然后尽快去看医生，一定要尽快，尽快，尽快，重要的事情说三遍。重复性劳损可以治愈，但是最好能加强预防，一开始就不让它出现。

坐姿要端正

使用电脑的时候采取正确的坐姿，是我们预防疼痛和身体不适的第一步。要创造一个良好的上网环境，请参照以下5个简单的步骤进行。

1 选一把能够保持脊柱直立，让你不会驼背的椅子来支撑背部，保持良好的体态。

2 把电脑屏幕放在与视线平齐的位置，不要弯着脖子看屏幕。

我的手腕快疼死了！
看看你的坐姿，不疼才怪呢！你休息一下，我帮你改造一下工作环境。

3 双腿弯曲的角度要适当，脚掌在地面上放平。

4 双臂以适当的角度放在桌面上，要保证打字的时候不用上抬或者下压手肘。

5 使用鼠标和键盘的时候，保持手掌和手腕在一条直线上，不要弯曲。

小憩拉伸方法和用眼卫生

在专心上网期间，你有没有注意过自己的姿势呢？很多时候我们的身体姿势都是四肢僵硬、弯腰驼背，甚至牙关紧咬，在无意识中把身体搞得十分紧张。这很不利于身体健康。聪明的小网民懂得利用短短的休息时间来拉伸肌肉，舒展身心。

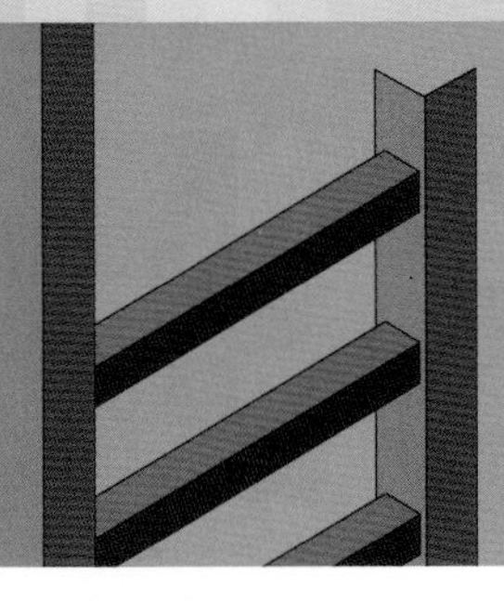

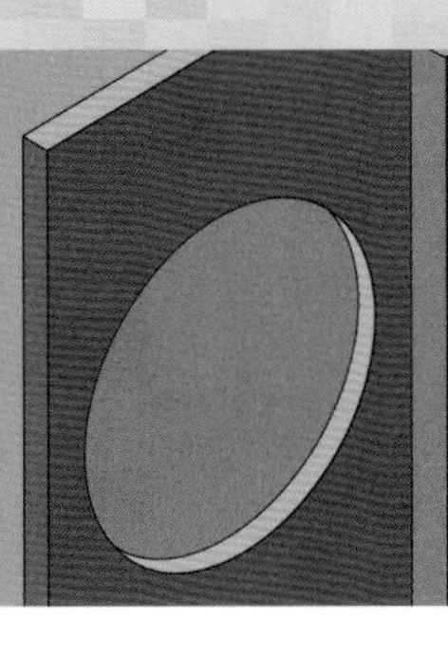

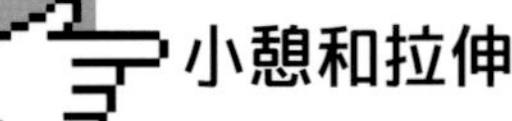

小憩和拉伸

每上网20分钟，就小憩5分钟，这样可以帮助缓解肌肉僵硬和紧张，预防可能出现的疼痛。休息的时候，你可以试着做做下面6个拉伸动作。这些动作一开始看起来也许很搞笑，但是做完会感觉很舒服哟！

1 手指展开伸直，保持10秒钟，然后放松；接着弯曲手指，握拳10秒钟，然后放松。

2 抬起眉毛，睁大眼睛，张大嘴巴，伸出舌头，保持10秒钟，然后放松。尽量不要笑场哟！

3 慢慢抬起肩膀，尽量与耳朵同高，保持5秒钟，然后放松。

防止用眼疲劳

由于看屏幕的时间比较长，我们需要好好保护眼睛。有一个简单的方法：每看20分钟屏幕，就移开视线，观看远处物体20秒左右。这个方法能帮助放松眼部肌肉，防止用眼疲劳。另外也要记得常常眨眼睛！

GYM
你在做什么呢？
做瑜伽，接下来可是重度游戏环节！

4 手指交叉放在脑后，再把肩慢慢向后拉伸。保持10秒钟，然后放松。

5 慢慢把头斜向一侧，保持10秒钟，然后伸直脖子，放松。接着再斜向另一侧。

6 慢慢把头扭向右肩方向，保持10秒钟，然后放松。接下来向另一侧扭头。

锻炼身体和保障睡眠很重要

有没有人跟你说过“健康的身体造就健康的心灵”？这话听起来也许很老套，但道理却是千真万确的。聪明的小网民每天都应该锻炼身体，保证睡眠。这种锻炼可以保持大脑清醒和身体健康，为探索网络世界打下基础。

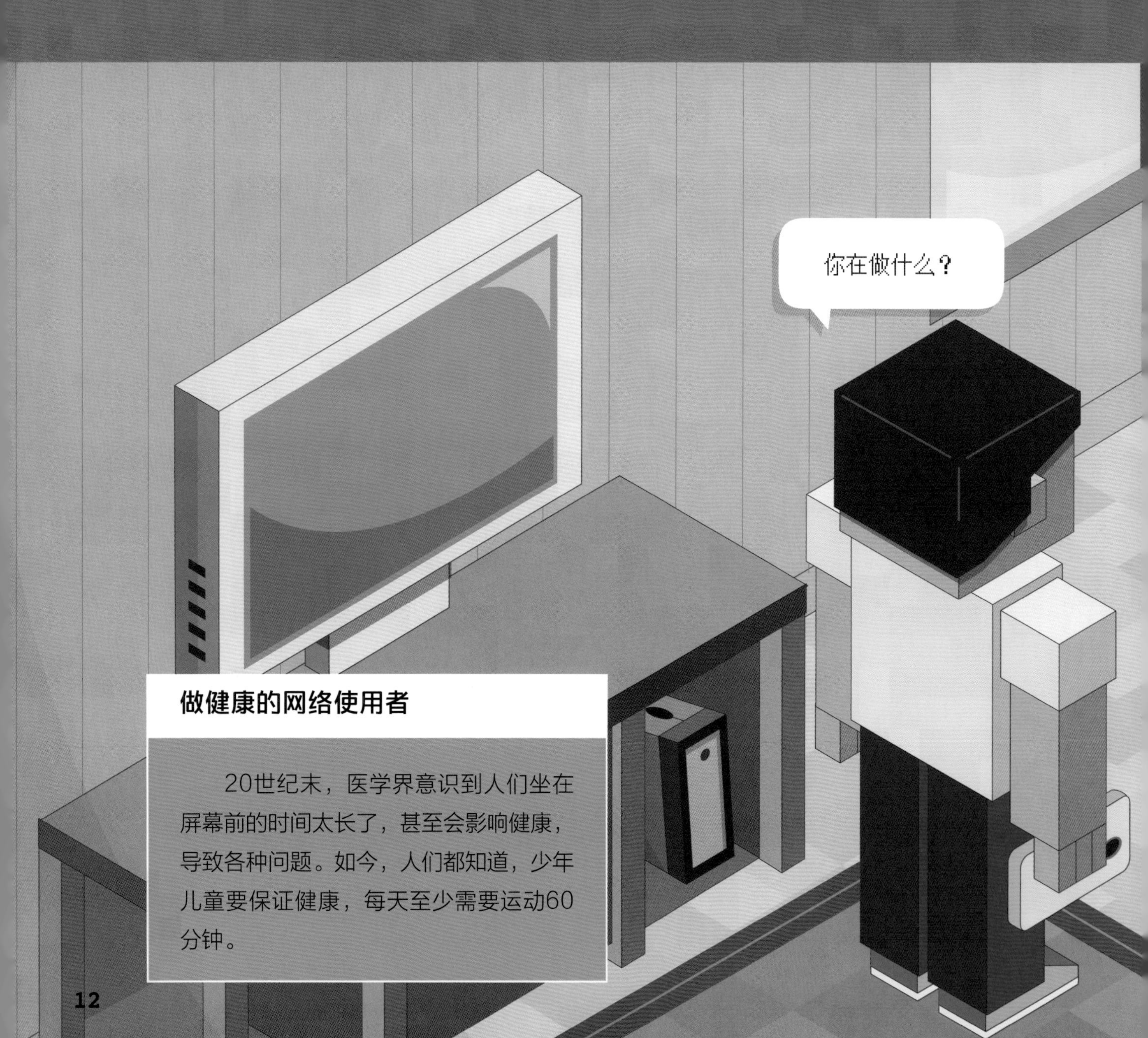

做健康的网络使用者

20世纪末，医学界意识到人们坐在屏幕前的时间太长了，甚至会影响健康，导致各种问题。如今，人们都知道，少年儿童要保证健康，每天至少需要运动60分钟。

现在就动起来

一心上网的你，很容易把锻炼这件事一拖再拖，因为总是有留言要回，总有网页要看，游戏也总有一关要过。还没等你反应过来，就已经到了吃晚饭或者睡觉的时间了。但其实起身锻炼一下也很容易，跑跑步、骑骑自行车、散散步……有一个好方法：上个闹钟提醒自己要运动。

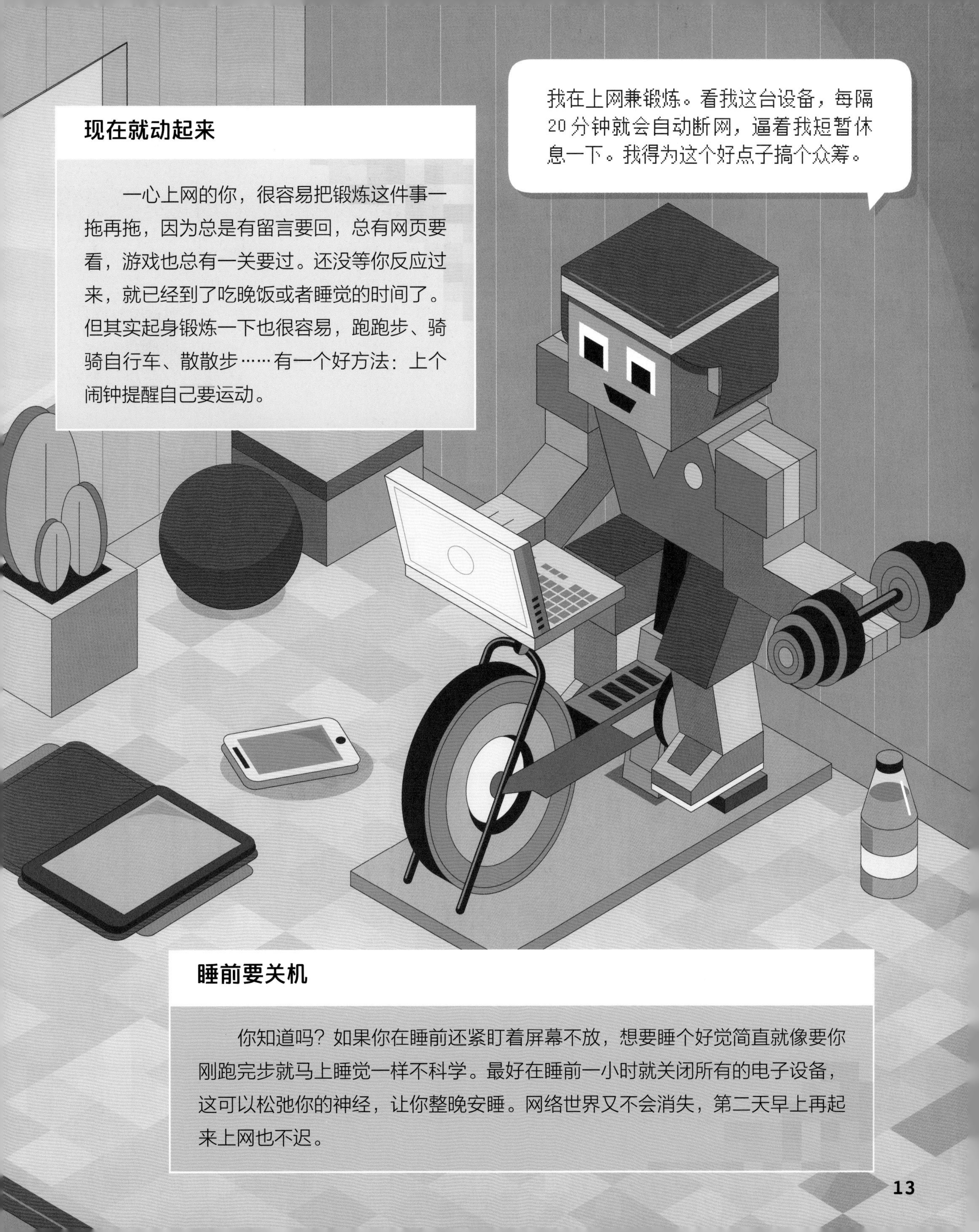

我在上网兼锻炼。看我这台设备，每隔20分钟就会自动断网，逼着我短暂休息一下。我得为这个好点子搞个众筹。

睡前要关机

你知道吗？如果你在睡前还紧盯着屏幕不放，想要睡个好觉简直就像要你刚跑完步就马上睡觉一样不科学。最好在睡前一小时就关闭所有的电子设备，这可以松弛你的神经，让你整晚安睡。网络世界又不会消失，第二天早上再起来上网也不迟。

不要忽视网络心理健康

20年前，人们要上网的话主要还是坐在桌前，用电脑上网。那时，网络是个新鲜事物，还有人说它永远也流行不起来！但是今天，网络已经成了我们日常生活不可或缺的一部分。有了智能手机，走到哪里都可以随时上网。这些电子设备的出现，给了我们一切尽在“掌”握的感觉，然而——我们会不会也被它们掌控了呢？聪明的网络使用者会像保重身体一样，确保自己心理的健康。

真的需要拿起手机吗？

你有没有过无意识拿起手机的情况？手机很有用，除了正常的使用之外，你在不知干什么好的时候，也总是想要去看看手机。动不动就看一眼手机，一共占用了你多少时间呢？不妨来做个日常统计吧。随便找一天，记下每次你拿起手机的时间、每次使用的时长和都用手机干了什么，一天下来看一看记录，问问自己，这些时间到底有多少是非花在看手机上面不可的。

应用程序“阻击战”

如果你觉得自己看电子设备的次数太多了，可以试试以下一些办法，用别的方式打发时间。

1 **写信。**用纸笔写封信，装进信封里寄出去。你奶奶收到信一定会很开心的！

2 **画画。**用水笔、铅笔在画纸上画一幅画吧，记得不要上网找素材哟。

拒绝不开心!

有时候上网会让我们迷惑、焦虑，甚至抑郁，我们看到的内容可能会引起不适，读到的文章也可能会引发自卑。作为一名小网民，保持心理健康非常重要。如果你有上面说的那些不适的感觉，就需要找人聊聊了，比如找一位你信任的大人，说一说就很好。此外，也可以向学校的心理医生、青少年求助热线寻求帮助。最关键的是，遇到这种情况，说明是时候休息一下，暂时离开网络世界了。

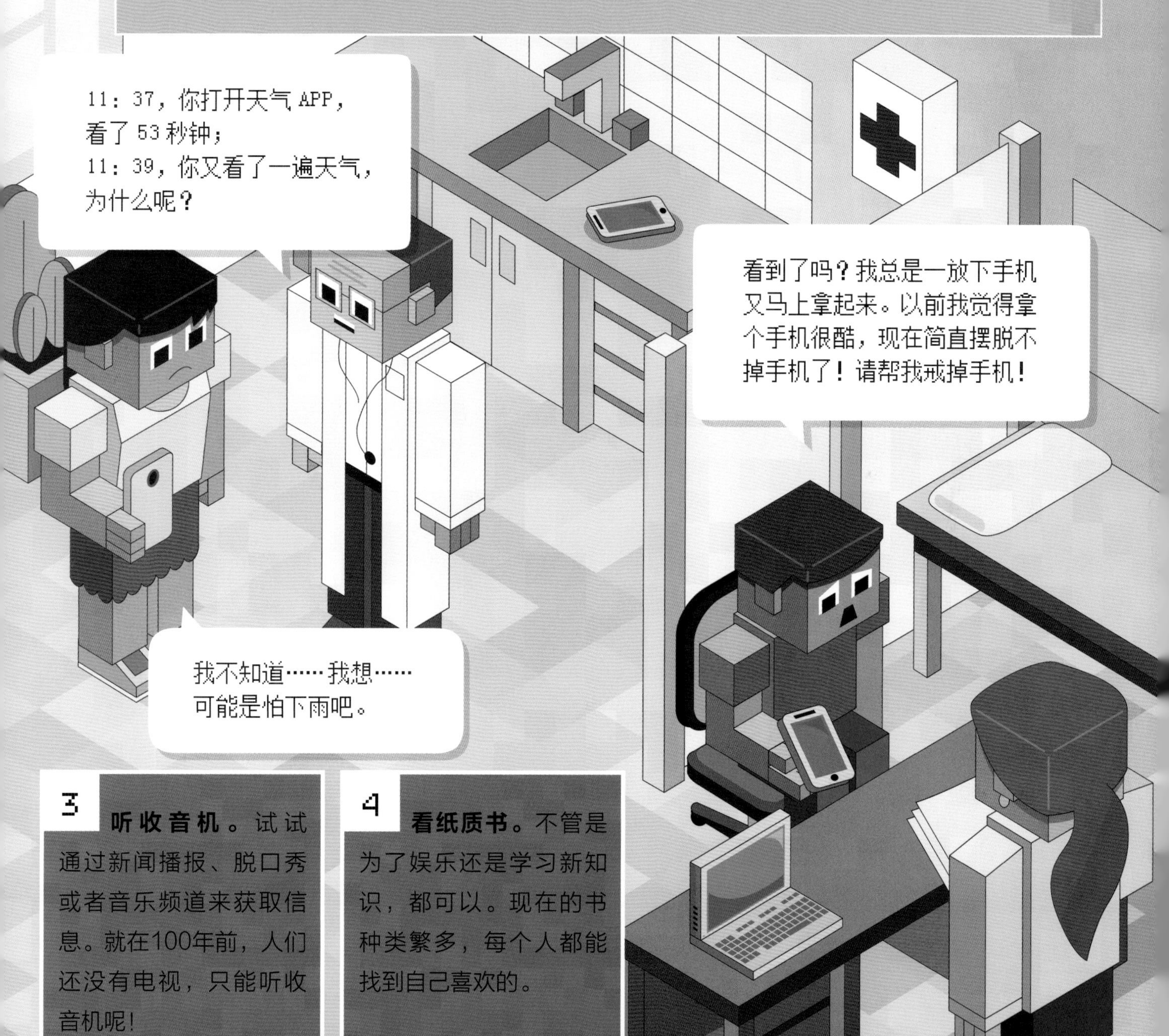

11：37，你打开天气 APP，看了 53 秒钟；11：39，你又看了一遍天气，为什么呢？
看到了吗？我总是一放下手机又马上拿起来。以前我觉得拿个手机很酷，现在简直摆脱不掉手机了！请帮我戒掉手机！
我不知道……我想……可能是怕下雨吧。

3 **听收音机。**试试通过新闻播报、脱口秀或者音乐频道来获取信息。就在100年前，人们还没有电视，只能听收音机呢！

4 **看纸质书。**不管是为了娱乐还是学习新知识，都可以。现在的书种类繁多，每个人都能找到自己喜欢的。

如何管理你的上网时间

你有没有这样的经历？本来只打算坐下来打5分钟游戏，结果一抬头发现5小时过去了。你没想玩这么长时间，但是总想打完这关再说。找理由一直上网是很简单，但聪明的网络用户知道什么时候该暂停休息，以及怎样正确地休息。

小玩家，
祝贺你第 38 关
通关成功！
萨姆，只能玩 20 分钟，
听到了吗？
好，好，行，行。

用闹钟设定上网时间

所有的网络用户都知道，每天要做那么多事情，时间根本不够用：总是有太多的帖子要发、太多的留言要回、太多的网页要看、太大的游戏世界要去探索。但是除了网络还有现实世界！要在现实世界和网络世界之间正确地分配时间，最好的办法就是上个闹钟，闹钟丁零零一响，就说明上网时间用完了，下线吧！

游戏的危险

网络游戏有点儿像社交网络，能让你和别的玩家互动交流。玩家们经常对彼此说一些“垃圾话”，但你一定要注意自己的言辞。有时候某些玩家的言论会变得特别粗俗，形成网络暴力。如果别的玩家说话刺激到你了，一定不要搭理他，然后告诉你信得过的大人。

警惕网瘾和网瘾的自查

对网络使用者来说，上网时间过长，会导致很多很严重的问题。例如，对数字虚拟世界上瘾，别的什么事情都干不下去。甚至有的人放弃了现实中的人际互动，自我封闭，陷入自己的世界。出现这种情况之后，他们通常都需要外界的帮助才能康复。

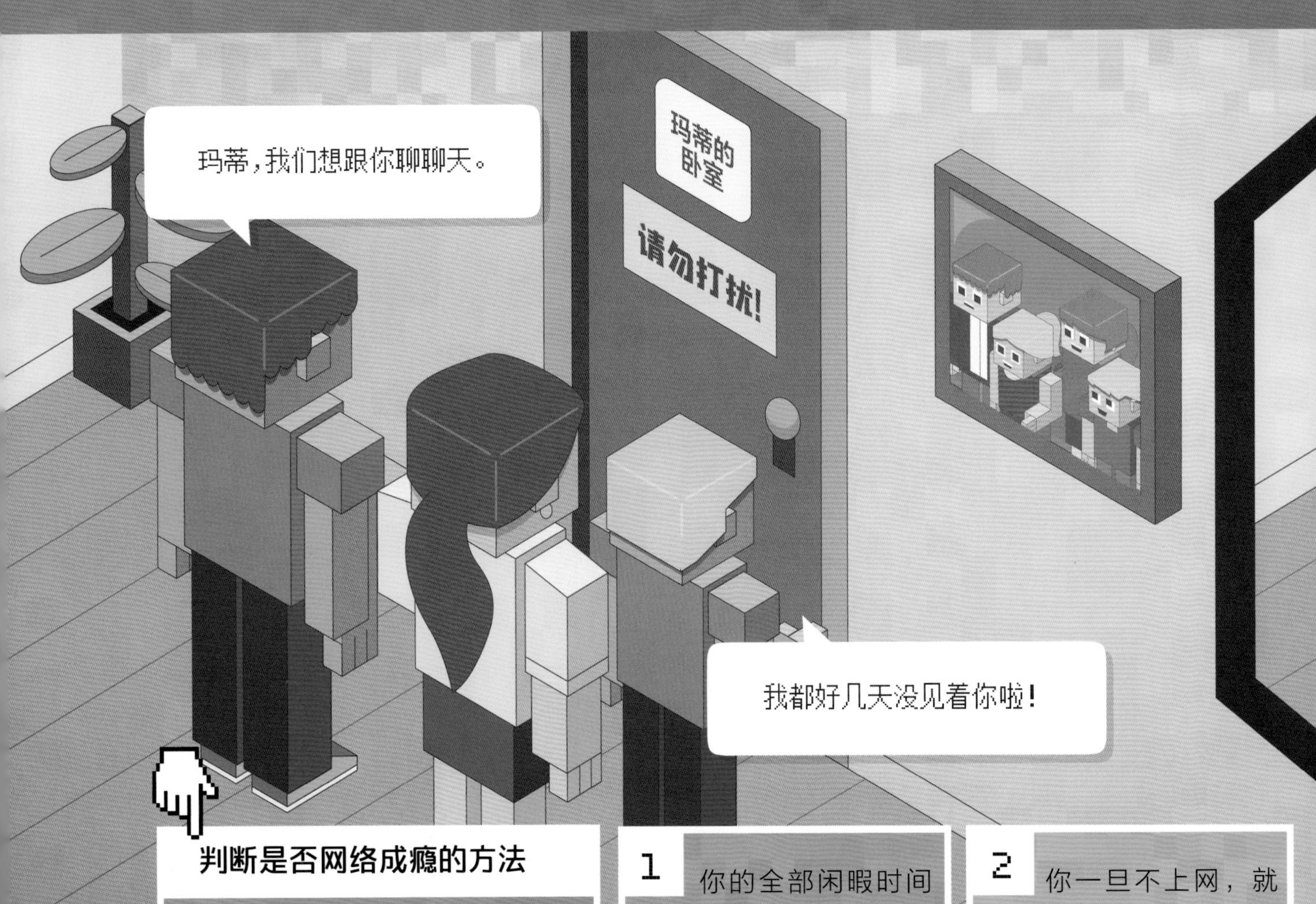

玛蒂，我们想跟你聊聊天。
玛蒂的卧室
请勿打扰！
我都好几天没见着你啦！

判断是否网络成瘾的方法

单纯的长时间上网和网瘾还是有很大区别的。但如果你注意到自己身上有以下现象，最好告诉你信任的大人。

1 你的全部闲暇时间都用来上网，甚至为了上网牺牲睡眠时间。

2 你一旦不上网，就会烦躁不安，甚至生气、暴躁或者抑郁。

网络带给人成就感也会令人上瘾

网络世界在很多方面能给我们很好的体验。在社交媒体上，我们发了帖子，就期待别人都来评论。如果大家点了赞，我们就会成就感满满。打网络游戏通过了一个很难的关卡，也会产生令人激动的成就感。有的人喜欢反反复复地体验这种网络带来的刺激和兴奋，最后可能就会染上网瘾。

3 你上起网来总是不顾时间，而且自己还不愿承认。

4 你更愿意上网，而不愿和家人朋友在一起。

5 你的学业变差，而且为了上网，该做的事都没有做。

正确看待社交媒体和自我形象

社交媒体是我们最喜欢用来联系家人朋友的方式之一。只要有智能手机，我们就能随时自拍，拍完的照片传到网上也只用几秒钟。接下来，我们可以一边等着别人评论，一边浏览小伙伴们都发了什么。但有时，过度关注社交媒体也会引起我们的自卑，好像别人总是比我们朋友更多、活得更加精彩似的。

马尔科姆有至少 150 个好友，而且他好像总是过得很开心。

给平凡点赞

很多受欢迎的社交媒体帖子都是关于人们怎样犯傻、出糗或者自嘲的，因为它们展现的是平凡人可爱的另一面，有时比那些完美的精修图或者精致的生活攻略有意思多了。所以，万一下次你不小心滑倒了，或者喝汤洒在衣服上，如果情况不是那么紧急，不妨拍照发个帖子，看看能得到大家什么样的回复。

不要只看光鲜的一面

聪明的网络使用者应该知道，社交媒体是不能完全真实反映现实世界的，因为大多数人只会把自己最好看的照片发到网上，发之前还要先修图或者美化。同样，人们发的动态也常常是只拣好的说。对一些人来说，如果只看他的社交网络主页，会觉得他的人生极其丰富多彩、充满活力。但那只是因为，他们不会把系鞋带这种琐事或是生活中沉闷的时刻拍下来发给你看罢了。要知道，没有人能永远无忧无虑，过着充满乐趣的生活。

詹姆斯的朋友都比我强多了，他总是和他们一起做一些很酷的事情。

学会识别广告假象

你注意过网上到底有多少广告吗？网络空间的每个角落都塞满了广告，这些广告总是在不断闪动或者通过弹窗跳出来，引诱我们去点击。按广告的说法，只要买了他们的产品，就能获得美貌、成功和快乐。但是聪明的小网民知道不能完全相信广告。

理性对待广告和营销

营销就是针对特定的人群打广告、卖产品。有很多广告都专门针对少年儿童来做。营销商有时把12岁以下的孩子叫作“缠人精”，因为这些孩子没有多少零花钱，但是却很喜欢缠着父母给他们买各种新款产品。广告里面总是说“新款在手，无欲无求”，但是很快新款就会被更新款所替代，无穷无尽。聪明的小网民知道，买东西只能让人感到短暂的满足，并不能带来长久的快乐。

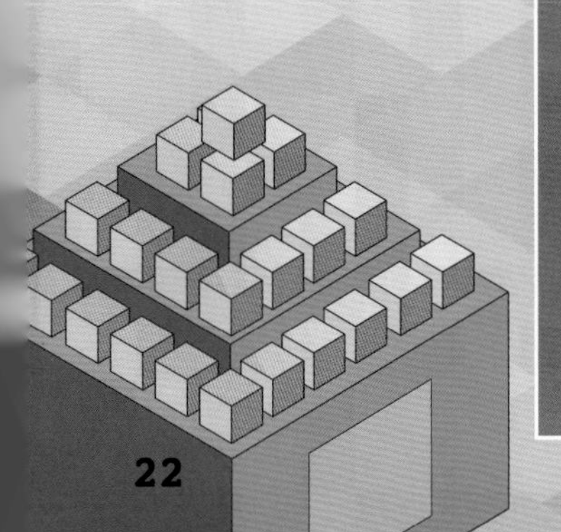

区分“软文”和新闻

你有没有这样的经历？在网上点击了一个新闻标题，却发现里面其实是广告！这是狡猾的广告商的一种营销手法，目的就是骗我们看产品广告。有时候这些“软文”会带上“赞助商介绍”、“推广内容”或者“广告”的标签，容易识别，但看到那些不带明显标签的“软文”时，我们也要保持头脑清醒，慎重点击。

不要受网络偏见影响

有时，人们会对某个群体、事物形成固定的看法、偏见，如常见的对性别的偏见。网络空间里充斥着各种图片和文章，教育我们女孩就应该打扮得漂漂亮亮，温柔礼貌，像个淑女；而男孩就应该坚强，擅长运动，遇到什么事情都不能哭。聪明的小网民不会有这种偏见，他们会支持建立一个人人平等的网络世界，允许大家成为自己想要成为的样子。

哇，看那个人，我好希望长成他那样。
她看起来真是完美无缺！

不要受到错误的引导

网络广告、明星主页和线上时尚杂志总爱给我们展示体态匀称、笑容完美、拥有一头秀发的模特，导致我们对自己的外貌感到自卑。但重要的是，要记住这些完美的形象在现实中并不多见。绝大多数人都不具备模特的长相，而且网上很多模特的照片在刊登之前都经过了大幅度的修图和美化。

做你自己

有些偏见也在网络上流传，但我们可以选择打破它们。每个网络使用者都可以任意选择或男或女，或者中性的头像和网名。网络也是一个很好的教育平台，能告诉人们这些偏见只会让世界更偏激。实际上，擅长运动的女孩和温柔礼貌的男孩都很多，而且每个人都有哭的权利！

不错，但你来看，我这有没修过的照片，这才是他们真正的长相！

打造包容、多元的网络世界

合格的网络用户推崇包容、多元的网络世界，让大家都可以做自己。事实上，就像在真实生活中人们有不同的喜好一样，网络的使用者也有着各自不同的喜好，比如有人喜欢分享美食攻略，有人喜欢为电影写评论，有人喜欢单机游戏，有人喜欢网络游戏。合格的网络用户不应该对其他人抱有偏见，而要理解大家的不同。

最棒的生活在现实世界中

网络是一个飞速运转、永不停歇的世界。在这里，你可以和别人即时通信，24小时内随时玩游戏，或者在任何时候浏览网页，不管是白天还是晚上。难怪网络使用者不时会感到有点儿疲惫呢。如果你也出现了这种感觉，那回归现实世界是个很不错的办法。

关机去关心身边的人

关闭所有的电子设备，让大脑休息一下。在这期间，出门会会朋友是个不错的选择，这会让你记起现实中的人是有趣、友善和不完美的，和他们发在社交媒体主页上那些美化过的形象完全不同。

游戏和现实

网络游戏是一项很好的娱乐，但想要摆脱游戏的影响有时却不那么容易。如果你发现自己走在街上会忍不住想象各种跳车、扔手雷、开赛车的场景，那你可能已经过度沉溺游戏了。幸运的是，比起游戏，现实世界要平静、有序得多，不要忘了去享受其中的乐趣。

最棒的体验在现实世界中

我们上网的时候会很容易认为全世界的人都在上网。但其实不是这样的。世界上仍然有数十亿的人既没有电子设备，也没有网络服务，包括很多我们身边的人。不是非得要上网，才能过上有意义的、充实的生活，记住这一点。毕竟，人生中最重要的体验并不是在网上，而是在现实生活中。

小测验

看到这里，本书就要结束了。你对自己的网络身心健康有什么思考呢？你学到了多少新东西，又记住了多少呢？做做下面这个小测验，看看最后你能答对多少题。

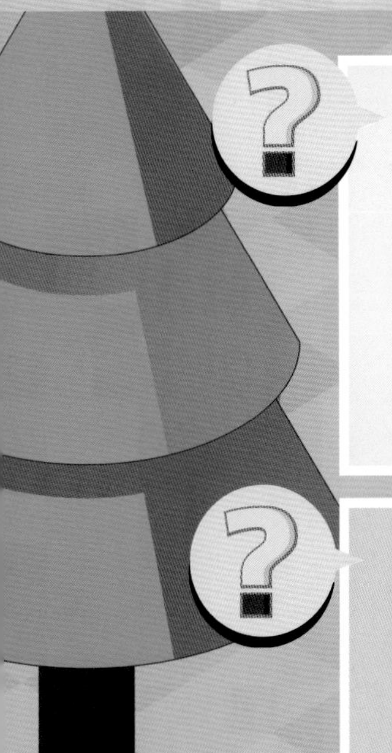

1. 电脑用太多可能导致以下哪种损伤？

A. 重复性脏手

B. 重复性劳损

C. 重复性抽筋

2. 我们坐在桌前用电脑的时候，脚最好要怎么放？

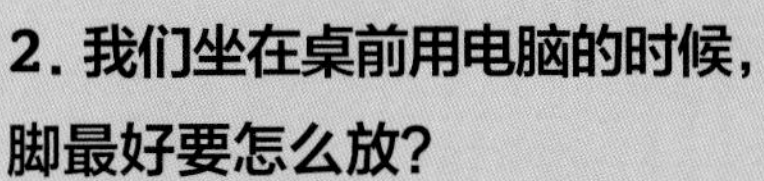

A. 悬空晃来晃去

B. 翘起二郎腿

C. 平放在地板上

3. 一次“小憩”应该持续多久？

A. 5分钟左右

B. 2分45秒

C. 20分钟

4. 如果想整晚睡个好觉，你就不应该：

A. 躺在床上玩网络游戏

B. 关灯睡觉前还在刷社交网络主页

C. 至少在睡觉前一小时就关闭所有电子设备

5. 以下哪个可能是网瘾症状？

A. 手机就像粘在手上一样不愿放下

B. 只要不上网，就会感到愤怒、暴躁或者抑郁

C. 姐姐说你有网瘾

6. 下列哪种爱好适合网络世界？

A. 集邮

B. 玩魔方

C. 为电影写评论

7. 世界上有多少人无法享受网络服务？

A. 378人

B. 300万人

C. 数十亿人

8. 以下哪项不是“软文”的特点？

A. 标题吸引眼球

B. 内容其实是产品广告

C. 由权威媒体发布

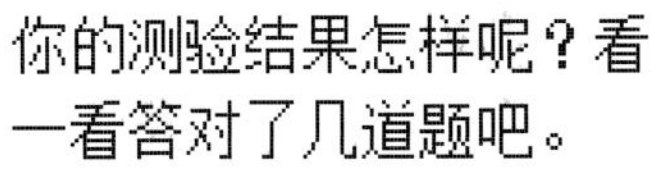

1～4道：

再接再厉，重做一遍，争取超过4道。

5～7道：

做得不错，通过测验！再做做其他册的小测验，看看能不能通过。

8道：

哇，全对哟！你真是天生适合做小网民！

答案：

1.B 2.C 3.A 4.AB 5.AB 6.C 7.C 8.C

词汇表

成瘾

身体和心理上对某种东西的依赖。

APP

英文 application 的简写，意为“应用”，即智能手机、平板电脑等移动电子设备上所装的应用软件。

头像

人们在网络上用于自我标识的图标或图片。

众筹

一群人凑在一起，每个人都出点钱资助同一个项目。

互联网

让全球数十亿计算机可以彼此连接的超大型电子网络。

自拍

自己给自己拍照，一般是用手机或者自拍杆完成。

社交媒体

网络用户彼此之间用来分享内容和信息的网络平台，主要包括：微博、微信、QQ 空间、短视频平台等。

工具箱

我的上网记录表

你有留意过自己每天花多长时间上网、都在使用哪些 APP、浏览哪些网站吗？你会上网一段时间就舒展一下身体、放松一下眼睛吗？聪明的网络使用者一定会认可，健康的身心是你享受网络便利、让网络为你所用的基础。那么请先记录一下自己的上网情况吧。填写下面的《上网记录表》，并坚持记录一段时间，比如一周或者更长。你填写的上网内容可以包括学习和娱乐（如社交聊天、兴趣爱好、浏览新闻、观看视频、打游戏、购物等）。

上网记录表（____月____日）

上网时段	上网内容	上网时长 / 分钟	使用的 APP 或浏览的网站
小计	**学习**		
	娱乐		

记录和分析自己的现状将帮助你发现问题，进一步改善上网习惯，做更健康的网络用户。以小明 4 月 3 日的上网记录为例，他在这一天上网花了 2 小时 20 分钟，其中学习用时 45 分钟，娱乐用时 1 小时 35 分钟。除了上网课，他的上网时间主要花在了打游戏、看视频和聊天上。

示范：小明上网记录表（4 月 3 日）

上网时段	上网内容	上网时长 / 分钟	使用的 APP 或浏览的网站
8:45~9:30	学习	45	网课 APP
11:30~11:45	购物	15	淘宝网
11:45~12:05	聊天	20	QQ
15:10~15:50	游戏	40	游戏 APP
19:15~19:35	看视频	20	视频 APP
小计	**学习**	45	
	娱乐	95	

通过一段时间的记录，你将知道自己平均每天上网的时长、最常使用的 APP 或浏览的网站、主要的上网内容。如果你每天的累计上网时长超过了 2 小时，或是娱乐目的的累计上网时间超过了 1 小时，说明你的上网时间已经过多了。这时，你可以总结一下自己在哪个 APP 或网站上花费了过多的时间，下周就减少使用。

我的网络健康体检表

填写下面的《网络健康体检表》，对自己的网络身心健康进行一次测验吧。回答自己是否能做到前面描述的情况时，“是”记1分，“否”记0分。

网络健康体检表

项目	情况描述	得分
1	平均每天上网时长不超过2小时	
2	每次上网20分钟，能够休息一会儿，比如站起来走动、远眺放松眼睛等	
3	走路、等红绿灯、骑车时不使用手机	
4	每周户外运动不少于一次（时间不少于1小时）	
5	不占用学习和睡眠时间上网、玩游戏	
6	不过分在意网友对自己的评价，每次花费在自拍、修图和发布状态上的时间不超过5分钟	
7	能够辨别网络广告，不随意点开弹窗广告，不随意购买自己不需要的产品	
8	有不依赖网络和电子设备的兴趣爱好，如阅读、运动、跳舞、看电影、做手工等	
9	每周和爸爸妈妈散步或聊天不少于一次	
10	热爱现实世界的生活，不总是和朋友线上聊天，能经常见面问候，想见的时候就约出来一起玩耍	
总分		

赶紧计算一下你的得分吧。

7~10分（网络小达人）：恭喜你，你有良好的网络健康意识和上网习惯。继续改进不足的地方，更好地享受网络世界吧。

3~6分（入门级小网民）：加油！你在使用网络方面还有一些可以提高和改进的地方。注意你的网络使用习惯，平衡好网络世界和现实生活哟。

0~2分（小网虫）：你存在过于依赖网络的情况，不懂得时间管理，忽视了现实生活的重要性。一定要多多注意，及时改善哟。

给孩子的网络生存手册

我知道如何正确使用网络

[英]本·哈伯德 著 [阿根廷]迭戈·魏斯贝格 绘 小砂 译

中信出版集团 | 北京

图书在版编目（CIP）数据

我知道如何正确使用网络 /（英）本・哈伯德著；（阿根廷）迭戈・魏斯贝格绘；小砂译. -- 北京：中信出版社, 2020.9

（给孩子的网络生存手册）

书名原文: Digital Citizens: Rights and Rules

ISBN 978-7-5217-1946-8

Ⅰ. ①我… Ⅱ. ①本… ②迭… ③小… Ⅲ. ①互联网络－道德规范－青少年读物 Ⅳ. ①B82-057

中国版本图书馆CIP数据核字（2020）第100459号

我知道如何正确使用网络

（给孩子的网络生存手册）

著　　者：[英]本・哈伯德
绘　　者：[阿根廷]迭戈・魏斯贝格
译　　者：小砂

出版发行：中信出版集团股份有限公司
（北京市朝阳区惠新东街甲 4 号富盛大厦 2 座　邮编　100029）
承 印 者：北京联兴盛业印刷股份有限公司

开　　本：889mm × 1194mm　1/16　　印　　张：$1\frac{3}{4}$　　字　　数：30千字
版　　次：2020年9月第 1 版　　印　　次：2020年9月第 1 次印刷
京权图字：01–2020–3266
书　　号：ISBN 978–7–5217–1946–8
定　　价：109.00元（全6册）

出　　品　中信儿童书店
图书策划　如果童书
策划编辑　陈倩颖
责任编辑　房阳
营销编辑　张远　邝青青
美术设计　佟坤
内文排版　北京沐雨轩文化传媒

目 录

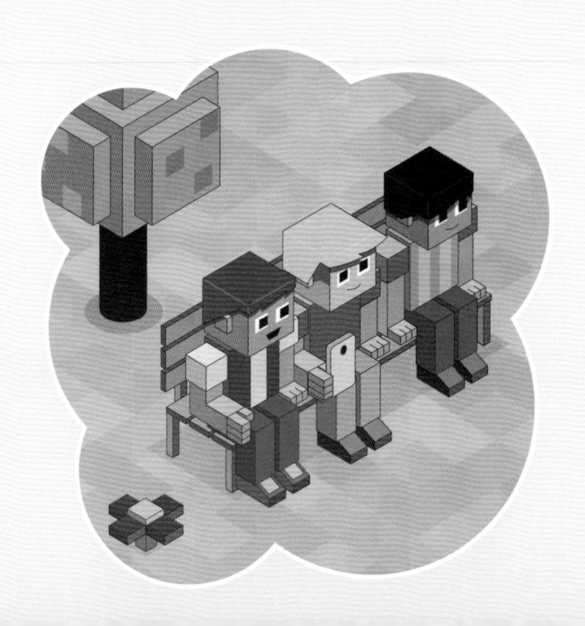

网络世界也有行为规范

只要登录了互联网，我们就融入了这个巨大的网络世界。在这个世界里，我们可以使用智能手机、平板电脑或者台式电脑等各种设备与全球数十亿人互动交流。全球网络社会就是由这些登录了互联网的人共同组成的。如果你也使用了互联网，你就和他们一样一起构成了网络社会。那么，进入网络世界意味着什么呢？

现实世界和网络世界

在现实世界里，我们每个人都是公民，享有法律规定的权利并应履行相应的义务。对公民来讲，具备良好的素养，懂得照顾好自己和他人，并且乐于为建设更美好的社会贡献自己的力量，这些非常重要。在网络世界也是一样的，但网络世界比街道社区、城市和国家都大得多，它覆盖全球，而且没有边界。因此，要将网络社会打造成一片属于大家的安全、有趣、精彩无限的天地，需要我们所有人的共同努力。

太没意思了，为什么非得要规则不可呢？
通常而言，规则是为了保护大家才制定出来的。
那……拒绝弟弟用我的平板电脑是不是我的权利呢？
这个嘛……

网络世界里的权利与要遵守的规则

我们在现实世界是享有一定的权利的，权利就是我们依法行使的权能和享受的利益，例如基本的生存权和保障人身安全的权利等。不过，有些权利不是人人都能享有的，对于那些不遵守法律法规、违反规则的人，他的权利也会受到一定的限制。这本书介绍的就是在网络世界里你的权利，以及作为一名合格的小网民，要遵守的规则。

在网络世界里可以做和不能做的

当今世界，人人都有上网的权利。作为网络的使用者，我们上网的时候享有一定的权利，同时也要负起相应的责任，还要遵守网络上的规则。那么，我们所享有的权利、应负的责任和应遵守的规则都包括些什么呢？

听萨拉说，你发了一条评论，很没礼貌地批评了她的鞋子。

网络使用规则

一般说起来，互联网总给人很自由散漫的印象，可实际上，互联网也有很多跟现实世界一样的规则。比如，网络霸凌和诽谤他人就是违反规则的；剽窃他人作品、非法下载资源同样是违反规则的（详见第22~23页）。学校和家长也可能会对你怎样上网提出一些单独的规定。

网络责任

一个负责任的人，在网络和现实中都应该有良好的表现：尊重他人，礼貌待人，照顾好自己和身边的人，并且在力所能及的范围内尽量帮助那些需要帮助的人。

你在做什么？
我在行使言论自由的权利。
你今天上课时是不是玩手机了？
但足球队训练 10 分钟以前就开始了。

网络权利

和现实世界一样，我们在上网时也享有保障人身安全和不受欺侮的权利；同样也享有保护个人隐私、自由发表言论和搜索获取信息的权利。不过在行使权利时也要注意，访问某些网站是会违反学校、家长甚至国家制定的规则的。

电子设备能随意使用吗

对许多人来说，拥有一个可以随时随地上网的电子设备并不稀奇。但我们不能理所当然地随时随地上网。要记住，设备不是玩具，它们只是工具。因此，维护好自己的电子设备，以负责任的态度使用它们非常重要。所以，在不允许使用电子设备的地方，一定要遵守规则，注意关机。

遵守父母的规定

你父母大概给你定了一些规则，对你在家里玩手机、平板电脑等电子设备做了一些限制，比如什么时间可以玩，每次能玩多久，等等。总的来说，这些规则是为了你好——虽然你可能并不这么认为。

遵守学校的规定和公共场所的礼仪

学校里可能也有关于电子设备使用的规则，这些规则一般是要保证大家上课能认真听讲、不影响其他人，你在学校时就要遵守这些校规。在校外使用电子设备的时候，也应遵守一定的使用礼仪，比如，在图书馆或公共交通工具上不要大声打电话和外放音乐。

阿曼达，你在看
手机吗？
是的，老师，
对不起。
阿曼达，你知道校规不允
许上课时使用手机呀。这
么一来，学校可能要禁止
我们带手机了！

保管好你的电子设备

手机上存储着许多个人信息，因此小心地保管好它们非常重要。最重要的一条就是，在公共场所，千万不要让手机离开你的视线，毕竟手机个头那么小，很容易被别人拿走。

拒绝有害的网络信息

互联网上的很多信息资源都是免费的，几乎人人都享有在网上寻找和获取信息的自由。但是包含有害内容或者不适合儿童浏览的网站有时会被屏蔽。你可以问问老师或者父母为什么某些网站会被禁止访问。你可以多询问一些关于网络规则的问题，这样才能理解为什么要遵守这些规则。

过滤不良网站

设置网站过滤器，是为了屏蔽网络中不适合儿童浏览的内容。但是有时候过滤器也会错误地屏蔽掉一些有益的网站。如果你发现过滤器错误屏蔽了什么，可以跟父母或者老师指出来。

识别有害的网站

有的网站宣扬以仇恨和暴力对待他人，还有些网站以色情为主题，这些网站对未成年人而言绝对是有害的。另外，要警惕那些让你提供个人信息的网站。

分享一个经验：你在网站上一看到任何让你不舒服的内容，就马上退出来。

老师，我们最喜欢的一些网站现在上不去了。

大概是被新设的网络过滤器不小心屏蔽了。我再调试一下。

你知道言论自由的尺度吗

言论自由是公民的一项基本权利，网络使用者也同样享有这项权利。拥有言论自由，意味着你在网上发表帖子或进行评论的时候，可以自由表达自己的看法。但是这并不代表你可以想说什么就说什么。在网络世界里，人们也要尊重事实，不能胡说八道，还要尊重他人以及他人的看法，哪怕你并不赞成他们的观点。

什么是言论自由

言论自由是一种政治权利，意思是人们享有通过语言形式表达对于政治和社会生活中各种问题的思想和观点的自由。

拒绝变味的言论自由

法律并不保护人们随意谩骂、中伤他人的“言论自由”，尤其不保护针对他人的肤色、宗教、国籍或地域所进行的言论攻击。情节严重时，攻击者甚至要接受法律的制裁。

尊重他人意见

网络世界很自由，每个人都可以公开表达自己的看法和思想，每个人也要尊重他人表达不同观点的权利。只要不是出口伤人，现实世界和网络世界都会因为各种不同思想和观点的存在而变得更有意思。

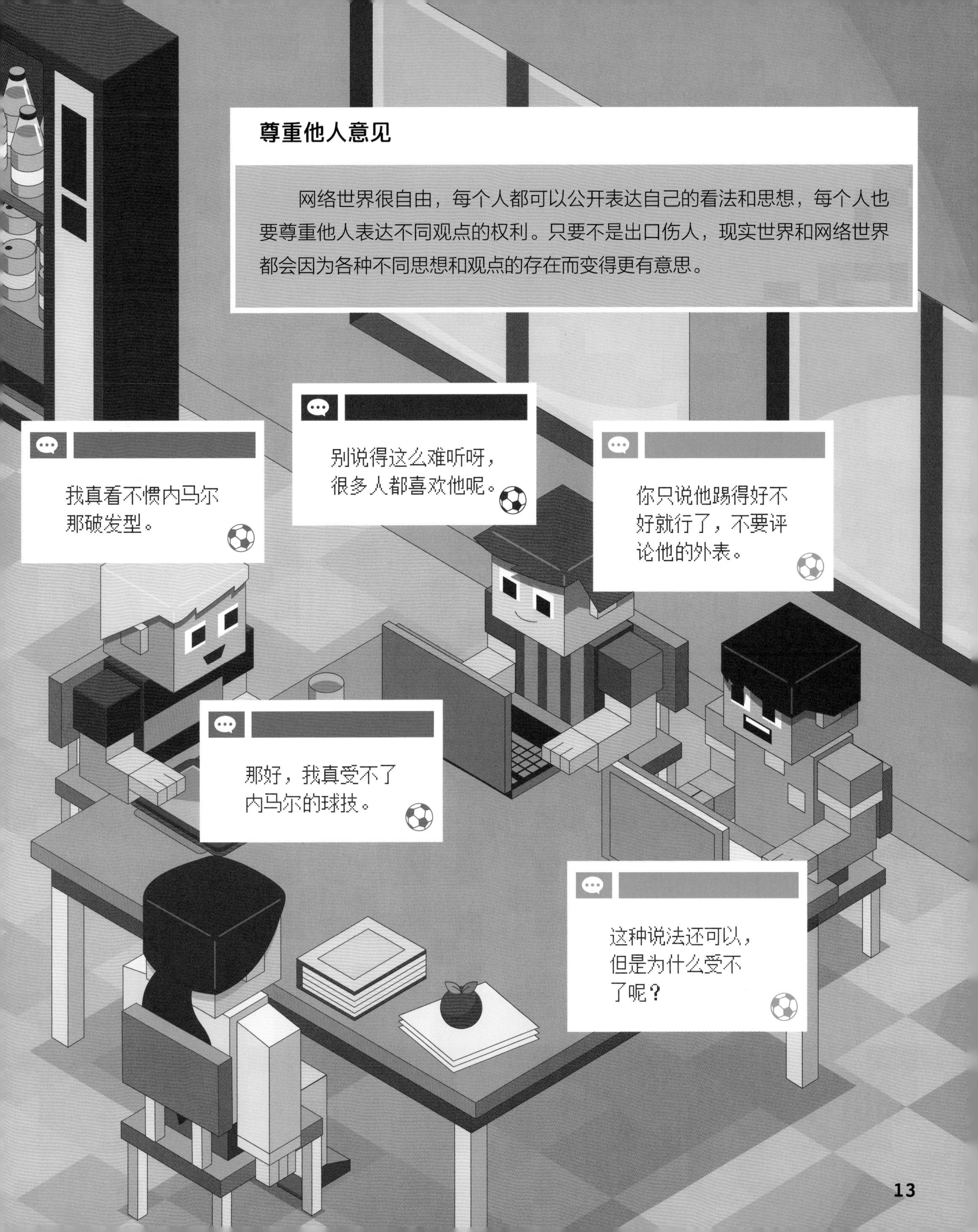

随意发布信息可能带来不良结果

在网络世界中，我们既要照顾好自己，也要善待周围的人。这就表示，我们应该避免让网络给自己和他人造成伤害和困扰。在社交网站上评论、转发，或者在自己的网络空间上传图片都很简单，但如果在发之前不留心的话，可能会造成不好的结果。

这个不错，我要赶紧贴到网上去。
加兰路
17号

保护个人信息

个人信息里包含了一些你的隐私信息，例如名字、年龄、学校、电话号码和家庭住址等。上网的时候，要注意保护好这些信息，不能让陌生人知道，同时也要注意不泄露亲朋好友的隐私。

谨慎发布照片

你听过“有图有真相”这句话吗？发布到网上的照片也是同样道理。很多时候，照片会不经意透露出一些你的隐私信息，而这些信息你并没有想要透露出去，比如你和你的小伙伴住在哪里、上哪所学校，等等。所以在上传照片之前，一定要做好这方面的检查。

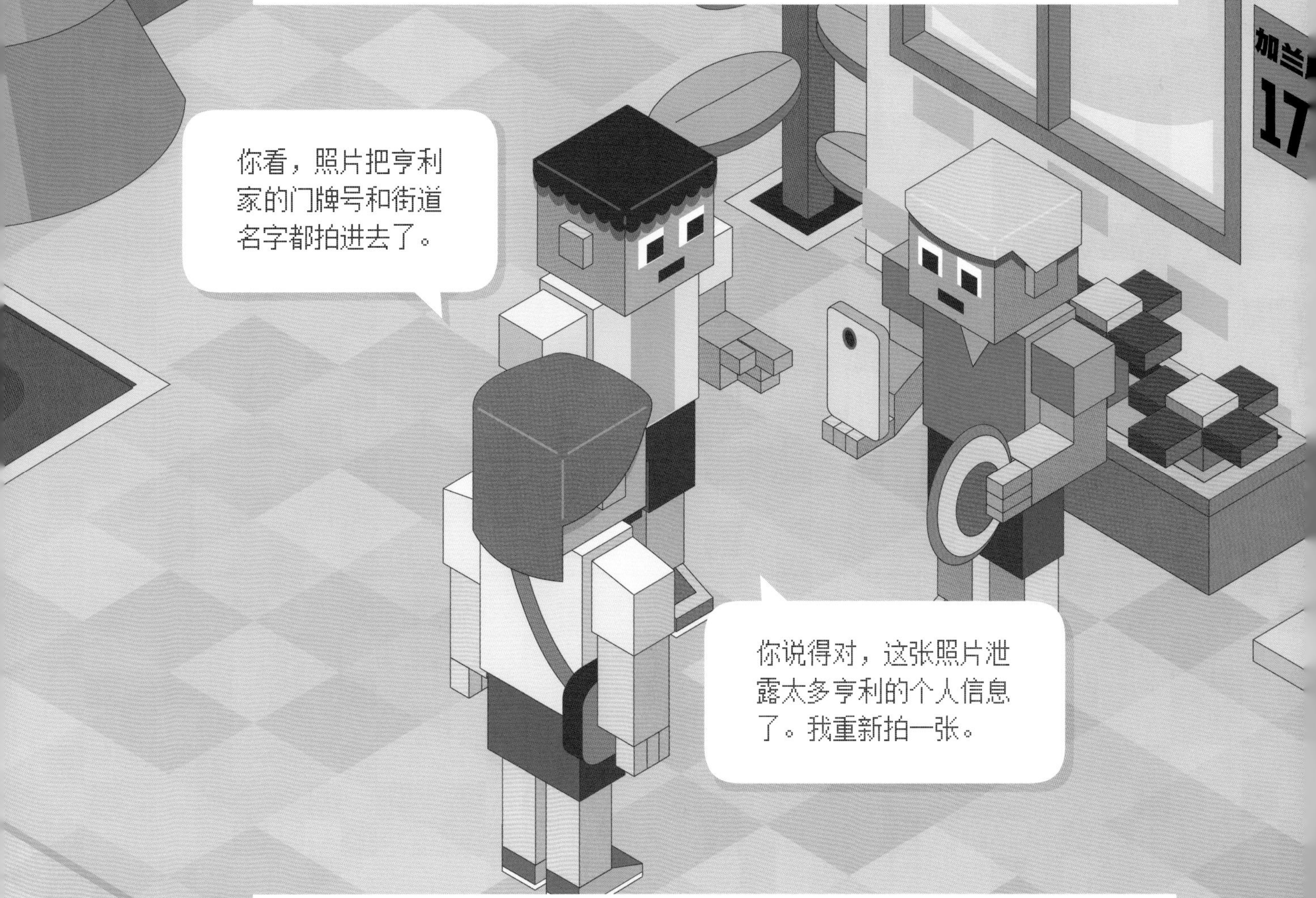

你看，照片把亨利家的门牌号和街道名字都拍进去了。

你说得对，这张照片泄露太多亨利的个人信息了。我重新拍一张。

拒绝恶意信息

合格的小网民懂得拒绝或举报那些恶意的评论、电子邮件和文章，要做到不转发，不传播。如果有人在网上说了你认识的人的坏话，你有责任不让这些话传播出去哟。

关于隐私的注意事项

很多人都使用社交媒体和家人朋友保持联系。我们在网上发照片、写博客的时候，会默认这些信息只存在这个社交媒体平台上。但有时，我们会发现自己的帖子和照片出现在其他网站上，这又是怎么回事呢？

照片里的我真像大人，简直等不及让大家都看一看了。

了解隐私政策

社交媒体平台都有各自关于如何使用用户信息的规定。对这些平台的隐私政策是否满意、是否允许你发布的信息被用在其他地方，这都由你自己决定。最简单的办法是找一个你信得过的大人，帮助你解读社交媒体平台的隐私政策，然后你再决定是否注册。

设置隐私选项

社交媒体账号的“隐私设置”允许你选择谁能看你发布的内容，你可以选择“仅限好友访问”，也可以调整一下设置选项，比如让只有你选出来的一部分好友能看到你的照片、文字或其他信息。

哎呀，我的照片被转发得到处都是，都没经过我同意。
我觉得你可能是账户隐私设置没设好。

只发布乐意分享的内容

在社交媒体平台上，保护个人信息不泄露非常重要。然而，发到了网上的东西，就不是我们能完全说了算的了。复制和转载图片都很容易，而且账号被盗的风险一直都有。这就是为什么我们一定要确保发布的东西都是我们乐意跟大家分享的。

这些行为会构成网络犯罪

数字相关法律的设立，是为了保护网络使用者免受网络犯罪的侵害。网络犯罪的种类很多，有身份盗窃、非法下载、网络暴力，等等。但是，各个国家针对网络犯罪的法律不尽相同，也没有专门负责网络安全的国际警察。所以，如果你在网上看到伤人或者令你不舒服的不良内容，告诉你信得过的大人永远是上策。在中国，相关的法律法规包括《网络安全法》《儿童个人信息网络保护规定》等。

网络暴力

网络暴力是指网民在网络上的暴力行为，这些行为包括使用语言文字、图片、视频对他人进行恶意伤害。虽然很多国家都认为网络暴力属于犯罪，但并没有一个统一的处理意见。如果是未成年人之间出现了网络暴力，一般都是由当地警方和学校联手进行处理。施暴者可能被学校开除，也可能被起诉。如果网络暴力发生在你或者你朋友身上，最简单的处理方法就是告诉你们信得过的大人。

哎呀！有人在我的空间里贴了好多恶心的照片。
走，咱们去告诉我爸爸。

什么是网络犯罪

下面列出了一些典型的网络犯罪：

1 攻击和入侵网站

2 窃取他人信息或身份

3 非法分享文件

诽谤

故意捏造事实并加以散布，损害他人人格、破坏他们名誉的行为，称为诽谤，情节严重的诽谤行为是犯罪。诽谤可能是书面的诋毁，也可能是口头的中伤。如果有人造谣，导致别人的名誉受到损害，这种诽谤程度就相当严重了。被判诽谤罪以后，诽谤者要向受害者道歉并进行赔偿，还要受到法律的制裁。

你们做得对。我这就联系学校，然后报警。

4 **抄袭他人作品**（详见第20~21页）

5 **制造电脑病毒**

6 **制作盗版软件**

怎样借鉴网络作品

如果你写了一篇论文、一篇文章或者一本书，然后别人拿走说是他们的作品，你能想象那是什么滋味吗？那些作品被抄袭的作者就深有体会。根据关于版权的法律，拿别人的作品，假装是自己创作的，这是违法行为。把别人写的东西当成作文和课后作业交上去也算抄袭。

朱莉，关于你的家庭作业，我得跟你单独谈一谈。

标注出处

一般来说，我们在研究课题的过程中，总会看到一些作者把某个概念提炼得特别好，我们真希望是自己写的，可以拿来用。其实只要作者没有禁止引用，在文章里引用其他作者写的原话是可以的，但必须指明原作者、作品名称等信息。你可以问问老师，在写作业和论文的时候具体怎么做。

避免抄袭

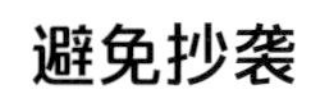

复制网页上的句子并将它粘贴到自己的论文或作业里，是最省事的。虽然看起来没什么，实际上，这是在抄袭他人的作品。还有更严重的情况，那就是有学生直接从网上复制一整篇论文交上去。要查出来论文是不是抄袭并不困难，查出来以后，可就轮到抄袭者头疼了。

我很欣赏你的论文，但里面有些句子明显是直接从网上复制粘贴的。

我以为这里抄一点儿、那里抄一点儿没关系。

适当引用是没问题的，只要作者没有禁止引用，且每次都注明了原作者、作品名称等信息就没关系。来，我来告诉你怎么标注。

非法下载麻烦多多

如今好像每个人都在网上免费下载音乐、电影和游戏。但是，未经允许下载任何受版权保护的资料都是一种违法行为。版权相关法律约束我们每个人，不管是小孩还是大人。这就意味着任何人非法下载文件都可能给自己带来麻烦。

什么是版权

版权即著作权。一般地，人们创作了图书、歌曲或者电影等作品之后，就拥有了这些作品的版权，表示作品的命运要由他们来决定。别人要使用作品，通常需征求版权持有人的同意，并支付相应的版权使用费。这种规定的目的就是防止人们盗用他人作品。这还意味着如果你不花钱就下载了有版权保护的资料，那可就违法了。

远离非法下载

网上有很多合法的网站可以供你付费下载电影、歌曲或图书。但也有一些非法的网站提供这些资源，而且还是免费的。这些非法网站上的资料通常质量不高。使用这些非法网站下载的人不但触犯了法律，还有下载到恶意软件或者病毒的风险。所以最好是完全不要点击这些网站，也不要在上面上传或者下载文件，即使用免费来诱惑你也不要动心。

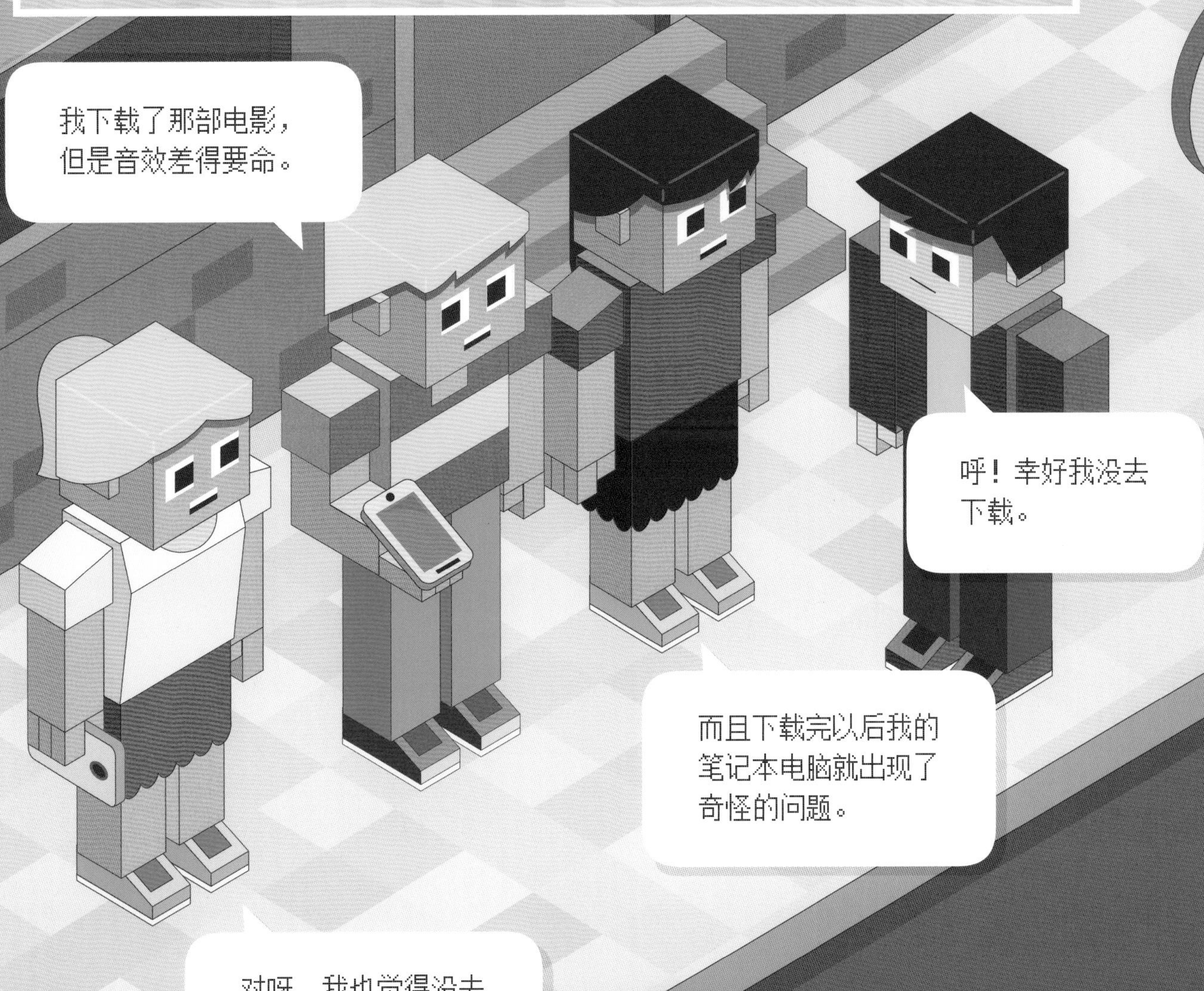

小测验

看到这里，本书就要结束了。你对上网时的权利与规则有什么思考呢？你学到了多少新东西，又记住了多少呢？做做下面这个小测验，看看最后你能答对多少题。

1. 以下哪项属于网络使用者的权利？

A. 别人送你免费的智能手机

B. 言论自由

C. 不分对象随口乱说的自由

2. 在网上发布照片时不需要怎样做？

A. 检查是否包含自己的隐私信息

B. 设置图片查看权限

C. 对照片进行美化

3. 在哪里不能使用智能手机呢？

A. 海滩上

B. 课堂上

C. 公园里

4. 在什么情况下可以使用网上别人创作的作品？

A. 作者没有禁止且标明出处以后

B. 把字体都换成繁体字以后

C. 把标点符号都去掉以后

5. 你的社交网络账号最好采取什么样的隐私设置？

A. 仅好友可见

B. 非好友仅可显示最近三天的内容

C. 所有人可见

6. 以下哪种情况属于诽谤？

A. 拉帮结派

B. 诋毁他人

C. 嫉妒他人

7. 以下哪项不属于你的个人隐私？

A. 你的头像

B. 你的真名

C. 你的住址

8. 以下哪项不属于网络犯罪？

A. 入侵网站服务器

B. 在博客里就某事发表反对意见

C. 窃取某人的身份

你的测验结果怎样呢？看一看答对了几道题吧。

1～4道：

再接再厉，重做一遍，争取超过4道。

5～7道：

做得不错，通过测验！再做做其他册的小测验，看看能不能通过。

8道：

哇，全对哟！你真是天生的网络小达人！

答案：

1.B 2.C 3.B 4.A 5.A 6.B 7.A 8.B

词汇表

屏蔽

防止他人给你发垃圾信息的方法之一，或指不被允许访问某个网站。

下载

从互联网或其他计算机上获取信息并储存在自己的设备里。

入侵

未经允许利用网络破解并进入别人的电脑或局域网系统。

互联网

让全球数十亿计算机可以彼此连接的超大型电子网络。

恶意软件

对危险的电脑程序的统称，被制造出来造成其他电子设备的损坏或停机。

社交媒体

网络用户彼此之间用来分享内容和信息的网络平台，主要包括：微博、微信、QQ 空间、短视频平台等。

电脑病毒

一种危险的程序，能够“感染”电脑，破坏里面存储的信息。

网站

一个网站通常由多个网页组成，其数据储存在某台电脑服务器上，并允许大家通过互联网来访问。

隐私设置

社交媒体平台上的控制选项，让你决定谁能看到你的账号信息和发送的动态等内容。

错误的网络使用行为案例分析

小天是个很喜欢上网的小朋友，自认为很有电脑天分。他每天都会花三四个小时上网，其中大部分的时间都花在了打游戏上。市面上新出了什么游戏他都知道，他也常常到一些“秘密网站”下载盗版的游戏安装程序试玩，还会很得意地分享给班上的其他同学。虽然他平时不是很外向，但是在游戏社区里却很积极。有时候遇到了游戏群组里的朋友约他出去一起打游戏，他也会一个人欣然赴约。

他在游戏社区结识了不少大朋友，觉得虽然自己年纪小，却算得上是“老江湖”了。有时候发现游戏里的朋友在游戏群组里被骂，他都会“行侠仗义”，帮忙去骂对方，认为反正对方也不认识他。有时候看到网站里的弹窗广告，他也会忍不住点击进去，偶尔还会看到尺度不小的色情图片。

因为沉迷网络游戏，小天妈妈多次限制他上网的时间。这个时候小天就会把自己的账号和密码发给游戏组群里的朋友，让对方帮他挂在游戏上，继续升级打怪。

请你分析一下，小天存在哪些错误的网络使用行为？

1) 沉迷网络游戏，不懂时间管理

2) 下载盗版安装程序，还将盗版程序与人分享

3) 单独与网友见面

4) 发表恶意评论、辱骂他人

5) 随意打开广告弹窗，观看不良信息

6) 把自己的账号和密码告诉其他人

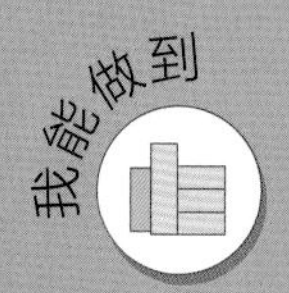

我有正确的互联网使用态度

今天我们的生活已经与网络息息相关，我们每天都会在网络世界与人打交道。文明的小网民应该拥有的互联网使用态度包括以下几个方面。*

（1）己所不欲，勿施于人

我们应该文明上网，共同创造清洁、良好的网络环境。不要上网辱骂、恶意中伤他人。如果自己不想受到伤害，也应该注意自己的网络言行，不做伤害他人的事情。

（2）知而后行，行而有责

在网络世界，你的一举一动都会留下痕迹，也就是数字足迹。你的不当言行，经过他人的转发、传播，可能会造成超过你想象的严重后果。你转发别人的不当言论也可能变成网络暴力的参与者。即便使用“匿名”身份留言，如果造成他人名誉损害，也要承担相应的责任。

（3）言行不妥，及时纠正

人人都可能会犯错。如果发现自己有言行不妥的地方，最好的办法就是及时道歉，并采取补救措施。

***参考资料：中国儿童少年基金会、腾讯公司发布的《护蕾行动——小网民安全成长指南（家庭版）》**

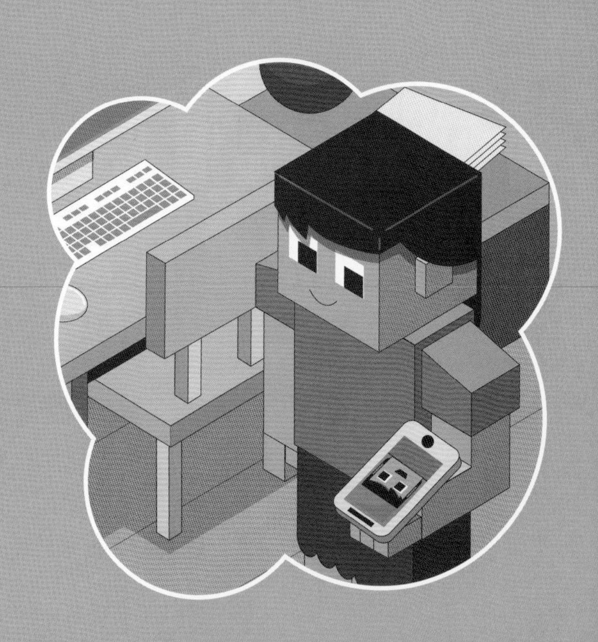

给孩子的网络生存手册

我懂网络社交的规则

[英]本·哈伯德 著　[阿根廷]迭戈·魏斯贝格 绘　小砂 译

中信出版集团 | 北京

图书在版编目（CIP）数据

我懂网络社交的规则 /（英）本·哈伯德著；（阿根廷）迭戈·魏斯贝格绘；小砂译. -- 北京：中信出版社，2020.9
（给孩子的网络生存手册）
书名原文：Digital Citizens: Community and Media
ISBN 978-7-5217-1946-8

Ⅰ.①我… Ⅱ.①本… ②迭… ③小… Ⅲ.①互联网络－影响－社会交往－青少年读物 Ⅳ.①C912.1-49

中国版本图书馆CIP数据核字（2020）第100069号

Digital Citizens: Community and Media
By Ben Hubbard Illustrated by Diego Vaisberg

我懂网络社交的规则
（给孩子的网络生存手册）

著　　者：[英]本·哈伯德
绘　　者：[阿根廷]迭戈·魏斯贝格
译　　者：小砂

出版发行：中信出版集团股份有限公司
（北京市朝阳区惠新东街甲4号富盛大厦2座　邮编　100029）
承 印 者：北京联兴盛业印刷股份有限公司

开　　本：889mm × 1194mm　1/16　　印　　张：2　　字　　数：30千字
版　　次：2020年9月第1版　　印　　次：2020年9月第1次印刷
京权图字：01-2020-3266
书　　号：ISBN 978-7-5217-1946-8
定　　价：109.00元（全6册）

出　　品　中信儿童书店
图书策划　如果童书
策划编辑　陈倩颖
责任编辑　房阳
营销编辑　张远　邝青青
美术设计　佟坤
内文排版　北京沐雨轩文化传媒

目 录

网络交友也有策略

只要登录了互联网，我们就融入了这个巨大的网络世界。在这个世界里，我们可以使用智能手机、平板电脑或者台式电脑等各种设备与全球数十亿人互动交流。全球网络社会就是由这些登录了互联网的人共同组成的。如果你也使用了互联网，你就和他们一样一起构成了网络社会。那么，进入网络世界意味着什么呢？

现实世界和网络世界

在现实世界里，我们每个人都是公民，享有法律规定的权利并应履行相应的义务。对公民来讲，具备良好的素养，懂得照顾好自己和他人，并且乐于为建设更美好的社会贡献自己的力量，这些非常重要。在网络世界也是一样的，但网络世界比街道社区、城市和国家都大得多，它覆盖全球，而且没有边界。因此，要将网络社会打造成一片属于大家的安全、有趣、精彩无限的天地，需要我们所有人的共同努力。

安全登录网络社区和社交媒体

全球数字社区就像一张巨大的网，这张大网由许多较小的局域网和网络群组共同组成。在这个社区里，成员们通过社交媒体、论坛和游戏网站等保持联系。聪明的网络使用者掌握进行网络社交的各种明智策略，这让他们能够安全地享受网络社区和社交媒体带来的乐趣。

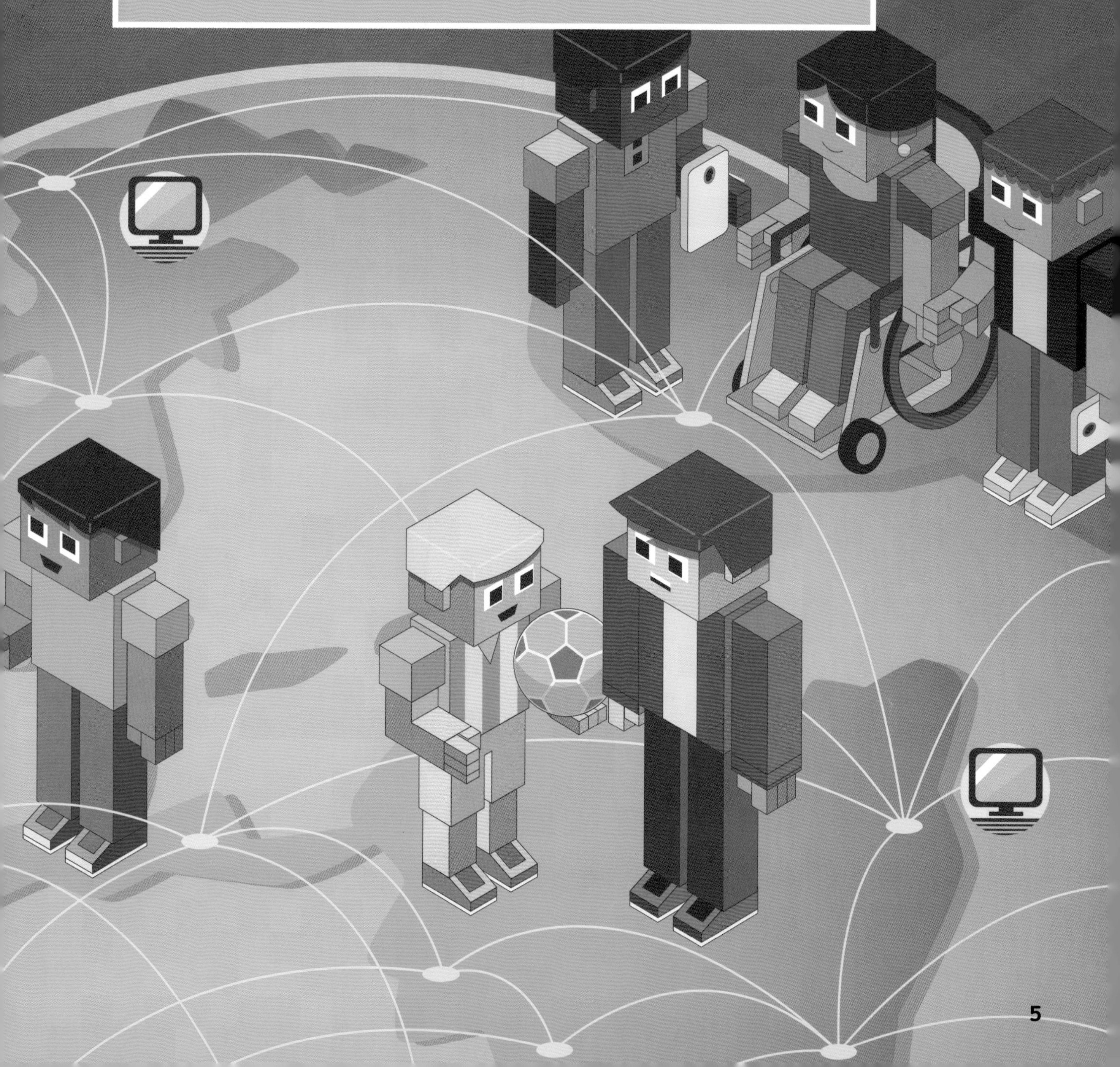

网络社交的平台包括哪些

你和其他人的网上互动是怎样进行的呢？你爱玩社交媒体，还是网游？你是爱逛兴趣社群呢，还是更喜欢去论坛或者聊天室跟别人聊天？也许你不太明白这些平台有什么区别，没关系，下面就来详细解释给你听。

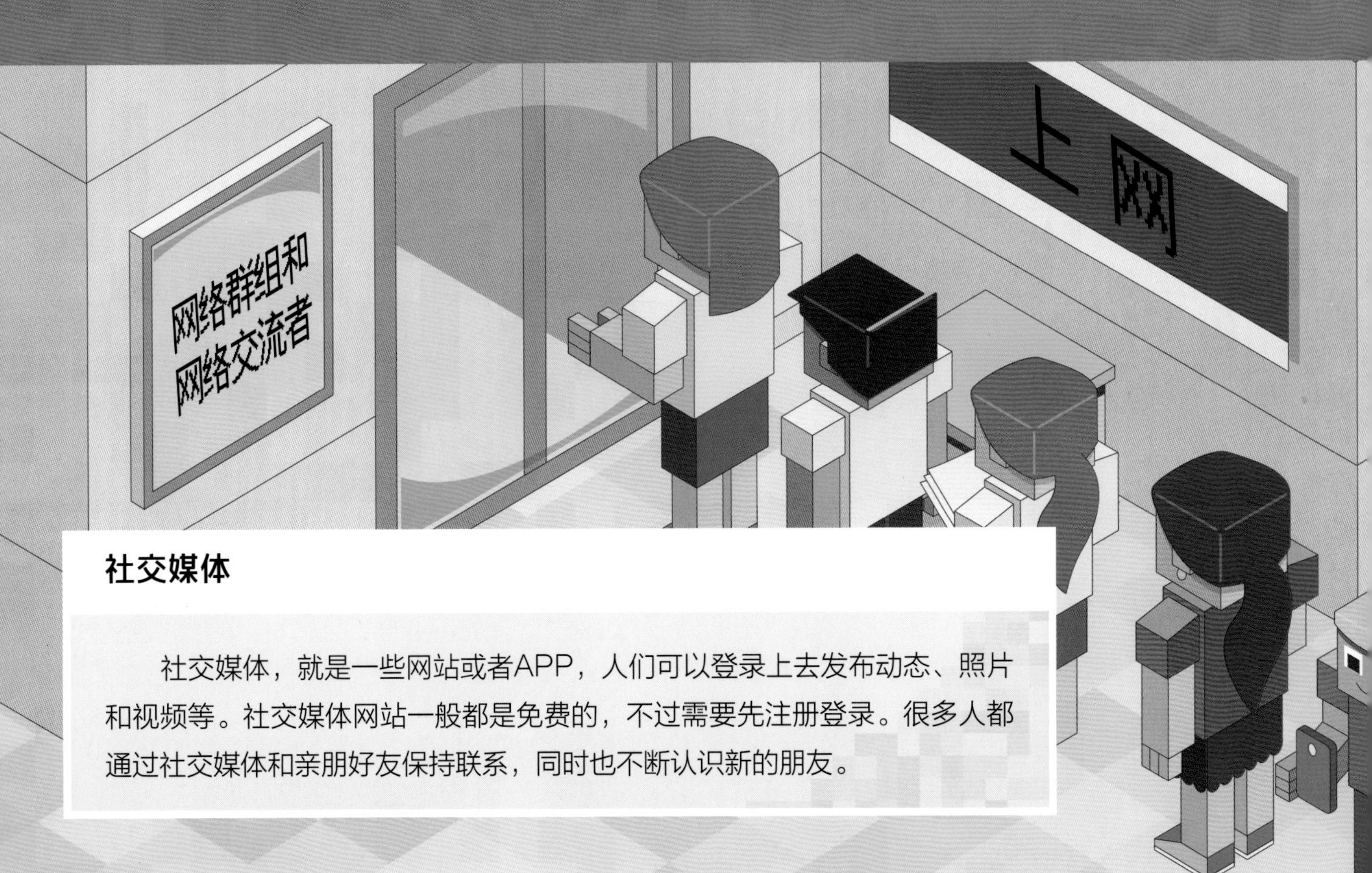

社交媒体

社交媒体，就是一些网站或者APP，人们可以登录上去发布动态、照片和视频等。社交媒体网站一般都是免费的，不过需要先注册登录。很多人都通过社交媒体和亲朋好友保持联系，同时也不断认识新的朋友。

网游

网游是网络游戏的简称，也就是在网上玩的游戏，有很多人会组团一起玩。网游中，你会有队友也会有对手，他们可能来自世界上的任何地方，你可以跟他们发消息互动，或者语音聊天。一般来说，爆款游戏都有对应的大型玩家群。

论坛和聊天室

网络世界中的论坛是一个网站，大家在这里发帖讨论各种问题，一般会有不同的话题分类，也就是常说的“某某版”。论坛上的帖子一般不需要即刻回复，如果有人着急问什么问题的话可能会注明“急，在线等！”而聊天室是人们发消息跟别人即时聊天的网络空间。

兴趣社群

兴趣社群的用户们是一群有着共同兴趣爱好的人，比如做手工、观鸟或者制作微缩模型等。很多兴趣社群都拥有自己的网站论坛或者聊天室，以及相关网站的友情链接。

网络社交五个注意事项

你知道吗？全世界拥有社交网络账号的年轻人有好几亿！不少社交媒体网站是专门为儿童设计的，当然青少年也可以使用很多面向大人的社交媒体。有的网站标明了用户年龄必须大于13岁，有的网站则没有年龄限制。那么，你怎样判断自己能不能使用这个网站？在社交媒体的世界里，你又该怎样才能保护自己不受伤害呢？

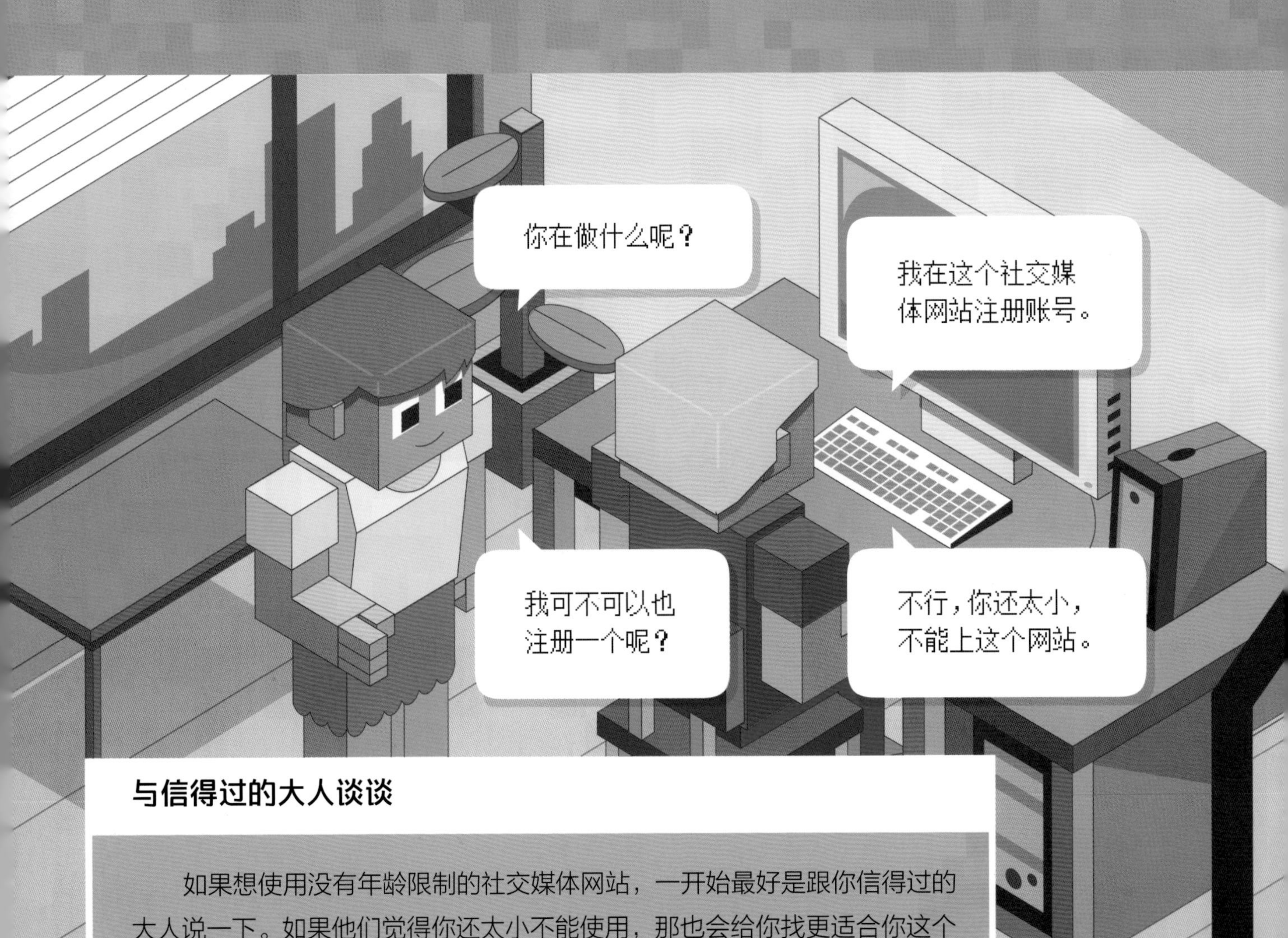

你在做什么呢？
我在这个社交媒体网站注册账号。
我可不可以也注册一个呢？
不行，你还太小，不能上这个网站。

与信得过的大人谈谈

如果想使用没有年龄限制的社交媒体网站，一开始最好是跟你信得过的大人说一下。如果他们觉得你还太小不能使用，那也会给你找更适合你这个年龄的网站去玩。玩的时候把你信得过的大人也加为好友吧，这样有什么问题他们可以直接帮你。

检查隐私设置

如果你和你信得过的大人达成一致，觉得某个社交媒体网站还可以，他就可以帮你调整隐私设置了。隐私设置的意思就是对你的帖子、博客、视频和照片等做出限制，设置谁能看、谁不能看，最好是选择“仅好友可见”。一定要经常检查你的隐私设置，因为网站有时候会改版。

三思而行

即使设置了“仅好友可见”，其他的人也还是有可能看到你的社交媒体动态。因此，很重要的一点是压根就不要发让自己和别人尴尬、不痛快的帖子，比如丑照蠢照、“喷”人的垃圾评论等。发送动态之前要三思而行，免得你把什么东西发到网上之后，自己又后悔。

我在想怎么改这里的隐私设置？
点这里，然后这里，就行了。点这个可以上传头像。现在会了吧？

尊重他人

合格的网络用户在社交媒体上尊重他人，也就是用礼貌、和气、友善的态度对待他人。如果有人不尊重你，你就把他“拉黑”，不让他再看你的社交媒体主页。

注意保密

任何可能泄露你和小伙伴个人信息的东西，都不要发到网上，这一点非常重要。个人信息包括你的名字、电话号码和地址等。你可以给自己的账号设置昵称和虚拟头像，而不是使用真名和个人照片，以保护你的身份信息。

网游玩家的自我保护

游戏网站非常激动人心。在这里，你可以和全世界的玩家一同享受游戏的精彩。而且，这里不只是游戏场，它们还是你和同好玩家进行交流的地方。所以网络游戏社区通常算得上是互联网上的大型社区。正因如此，玩游戏的时候懂得怎样自我保护就尤其关键。

太爽了，就像打开了新世界的大门一样！
好多玩家每周都会上线呢，都是熟人！

选择合适的游戏

网络游戏并不全是第一视角射击或者闯关游戏，还有竞技类、即时战略类、体感健身类和休闲类等，每种游戏玩法和技巧都不一样。在网上多看看，找一些合适的游戏，跟你信得过的大人或者其他小伙伴一起在家玩吧。

对霸凌说不

跟现实世界一样，游戏里也有霸凌现象，比如发垃圾信息，甚至威胁别的玩家，诸如此类。比如有一种霸凌行径叫“恶意破坏”，就是对你进行骚扰，或者破坏你建好的基地等。要对付霸凌者，最简单的办法就是“拉黑”他们，或者更改个人设置，只允许你认识的小伙伴跟你一起玩。

他想干什么？
他说他有本游戏方面的书，可以发给我看。
最好别信。网上什么人都有。

保护隐私，拒绝侵害

游戏网站通常会要求玩家设置昵称和头像，这样就可以不泄露个人信息。除此之外，你也不要在游戏里透露关于你自己和你目前所在地的详细信息，因为犯罪分子有时候会利用网络游戏锁定未成年人作为他们的侵害目标。如果玩游戏的时候有人对你特别好，不断问这问那，还送你免费福利，最好不要信。如果他们执意纠缠，就把他们“拉黑”。

兴趣发烧友的自我保护

有时你可能会觉得某个东西，比如某种玩具、某本书或者某个电影，全世界只有你一个人喜欢。实际上，到网络世界找一找，几乎一定能找到有人跟你一样热爱这个东西！所以说网络是个神奇的地方，可以把拥有同样爱好、喜欢同样话题、有同样兴趣的人都聚集在一起，还能介绍新人加入，让他们也成为“发烧友”。

选择你的兴趣社群

在网络世界中，有形形色色的网站是专门为了某个话题、爱好或者兴趣而建立的。这些网站主题包罗万象，从轨道赛车到网络游戏，几乎无所不有。有些网站是发烧友群体（比如某某俱乐部或者某某协会）建立起来自娱自乐的。一般来说，成为网站会员很容易，但加入之前一定别忘了跟自己信得过的大人说一声哟。

谨慎提供联系方式

这些“发烧友”的网站，一般会通过给会员的邮箱发送电子刊物来保持互动。一方面，收到刊物是件好事；而另一方面，有可能会出现邮件太多，或者你的邮箱地址被泄露给第三方的情况。因此，你如果不确定自己的邮箱地址给出去之后是否会被滥用，就不要随便填写，这一点非常重要。

小心你的账单

浏览兴趣社群时，大家很容易动心，下手购买周边产品。购买任何东西之前，一定要征求你信得过的大人的同意。最简单的做法就是不要在网站上填写任何银行账户信息，也不要点击同意任何需要你付费的选项。

他们说这种长号润滑油很好用，我能买点儿吗？
但是你并没有长号啊。

找到你的兴趣

我们每个人都可以把自己的兴趣爱好延伸到网络世界。阅读、旅游、运动、烹饪、编织……这些大众或小众的兴趣，都有不少以此为主题的很棒的网站、APP等着你去发现。让你的父母帮你推荐适合的网站、APP，做个热爱生活的小网民吧。

五个要遵守的网络礼仪

合格的网络用户，应该像对待现实中的人一样对待网友。然而，在网上准确地表达自己的意思，有时候并不容易，一不小心就容易发生误会。所以在上网时，大家需要特别注意自己的说话方式，做到表达准确，有礼有节。

今天我们要杀得你片甲不留。
什么情况？

什么是网络礼仪

网络礼仪是指使用互联网时需要举止得当。这里列出了一些值得注意的礼仪规范：

1 留言时设置的字体不要太粗，也不要使用太多的感叹号，不然给人的感觉就像在咆哮一样。

2 不要和别人互相辱骂，也就是俗称的“对喷”。

避免误会

在现实世界里跟别人聊天的时候，我们很容易就能让对方理解自己的意思。通过我们说话时的表情、语气或者肢体语言，对方就能判断出我们是在说正经的内容，还是在开玩笑。但是在网上，对方看不见我们传递的这些信号。因此，如果你是在讽刺什么或者开玩笑，最好向人家表示清楚。做法很简单，只需在句子后面加上相应的表情符号，或者现在流行的“颜文字”即可。

我的意思是：今天玩游戏我们要杀得你片甲不留！😜😜😜

3 点击发送之前先检查一下，确定自己把话说清楚了。

4 尊重他人的隐私。

5 如果新人不懂规则，记得要帮忙哟，把你的经验分享给他们。

在网络世界里也要谨言慎行

网络世界是全体网络用户共同打造出来的，大家的一言一行共同塑造了这个超大型数字社区的文化面貌。这一点和现实世界是一样的。然而有时候，因为觉得在网上能够隐藏身份，我们可能会在背后议论别人，而我们一般是不会当面那么说的。

苏西今天打垒球才得了三分，要她打中一个球可真要了她的命了！
呃，这样是不是说得太重了？我该不该发呢？

别急着批评

一看到某人或某事就急匆匆发个动态、帖子或者评论去批评，这固然很简单，但是你想想——你希望别人这么对待你吗？要做合格的网络使用者，不能不经过思考就发表一些“无脑”或者恶毒的言论。很多时候，你打字时不觉得有什么大不了的内容，但一旦发到网上，就有可能会引起轩然大波。

什么是网络“喷子”

网络“喷子”就是在网上辱骂他人的人。他们一般潜伏在聊天室或者论坛里，伺机发起攻击。有的“喷子”根本不觉得自己的行为有什么问题，还有的是因为上网可以匿名，所以才敢乱说。其实，就算匿名，“喷子”也是会留下痕迹的，要把他们找出来也很容易。

学会筛选可靠新闻来源

使用网络的一大福利就是一天24小时都能随时在网上看到最新的新闻。这是因为新闻事件发生之后，会迅速在网上传开。有时候，社交媒体会代替传统媒体，最早爆出新闻。不过，聪明的小网民都知道，不能网上说什么就信什么，要慎重地选择从哪里获取新闻信息。

日报
我的报纸呢？我得看报纸才知道世界上有什么新鲜事啊！

传统新闻媒体

像报纸、电视或广播这类的传统新闻媒体，现在一样也有网络版。这些媒体会聘用专业的记者去采访和报道新闻。

网络新闻媒体

在互联网时代，能上网的人就能发布新闻。社交媒体网站会发布新闻给会员看，微博这类网站发布最新消息一般也比传统媒体快。但是，社交媒体网站毕竟不是职业记者组成的专业新闻机构，上面公布的新闻和消息也不一定都可信。

嗷……
怎么啦？
我的新闻订阅邮箱一个小时就收到了上千篇文章推送，我可怎么看得完啊！

在信息爆炸的时代放平心态

有时候，网上海量的新闻报道会令人应接不暇，喘不过气来。看到那么多关于天灾人祸、战争和夺命事故的报道，你可能会感觉这个世界真的要完了。然而实际上，自从人类有历史记载以来，这类事情就一直在发生。唯一的区别是，如今事情一发生，我们基本都能在第一时间从网上得到消息。

鉴别网络假新闻的方法

在现代社会，网络用户常常被假新闻，也可以说是谣言轰炸。有些人造谣的目的就是误导大家。比如在竞争某个职位时，可能有人会发布谣言，抹黑对手。还有人造谣是为了金钱利益。如果很多人都信了谣言，后果可能是很危险的。不过，按照以下步骤去做，你很容易就能识别出来哪些是谣言。

1 不要只看标题

有些谣言的标题会使用很夸张的表达来引起你的注意。但是只要你继续往下看，很快就可以发现文章有明显的漏洞，是谣言。

2 确认消息来源

一篇报道出现在网站上，是否为该网站原创？这个网站是不是正规通讯社的认证官网？还是利用相似的网址让你误以为是官网呢？可以点击“关于我们”来查看网站的真实性。如果网站除了一个邮箱，什么联系方式也没有，那很可能就是假冒网站。

3 查看作者信息

把文章作者的名字输入搜索引擎，就可以很迅速地查到这个作者究竟是不是真正的记者，或者是不是根本就没这个人。

你要去哪儿？
有篇文章说全世界的冰激凌都快要卖完了，我得赶快去买点儿。
那篇文章根本不是新闻啊，是个广告！不过嘛我现在还真想来一盒特浓巧克力冰激凌。

4 有无错别字

满篇的错别字和乱糟糟的排版就是如山的铁证，这要么说明这篇文章的作者很业余，要么说明这个网站的编辑很业余。

5 检查来源

你看到的这篇新闻，正规的新闻机构是不是也有报道？文章里有没有引用别人说的话？引用的话是真的吗？说话的真有其人吗？要找到这些问题的答案很简单，就是上网搜索引用的内容、人名和新闻本身。如果搜到的只有这么一篇文章，那它很有可能就是一篇假新闻。不过如果搜索到很多篇也不要放松警惕，要看发布这些内容的有没有比较权威的网站。

6 新闻还是“软文”？

有些广告会伪装成新闻报道的形式，作为“软文”出现在真正的新闻网站上。这不算假新闻，但是很容易误导读者，让他们以为是真的新闻。有时候，“软文”会带上广告或赞助商内容之类的标签，来提醒你它们不是新闻，但并不是每个广告都这么自觉。

管理好自己的网络形象

大家很容易就能认出几个著名的社交媒体，这是因为它们把自己当成一个品牌来宣传。它们的标识、名字和配色等都很有辨识度，一眼便可看出属于哪个公司。但你知道吗？你在使用社交媒体的时候，你自己也是一个品牌。那么，你的品牌透露了关于你的什么信息呢？

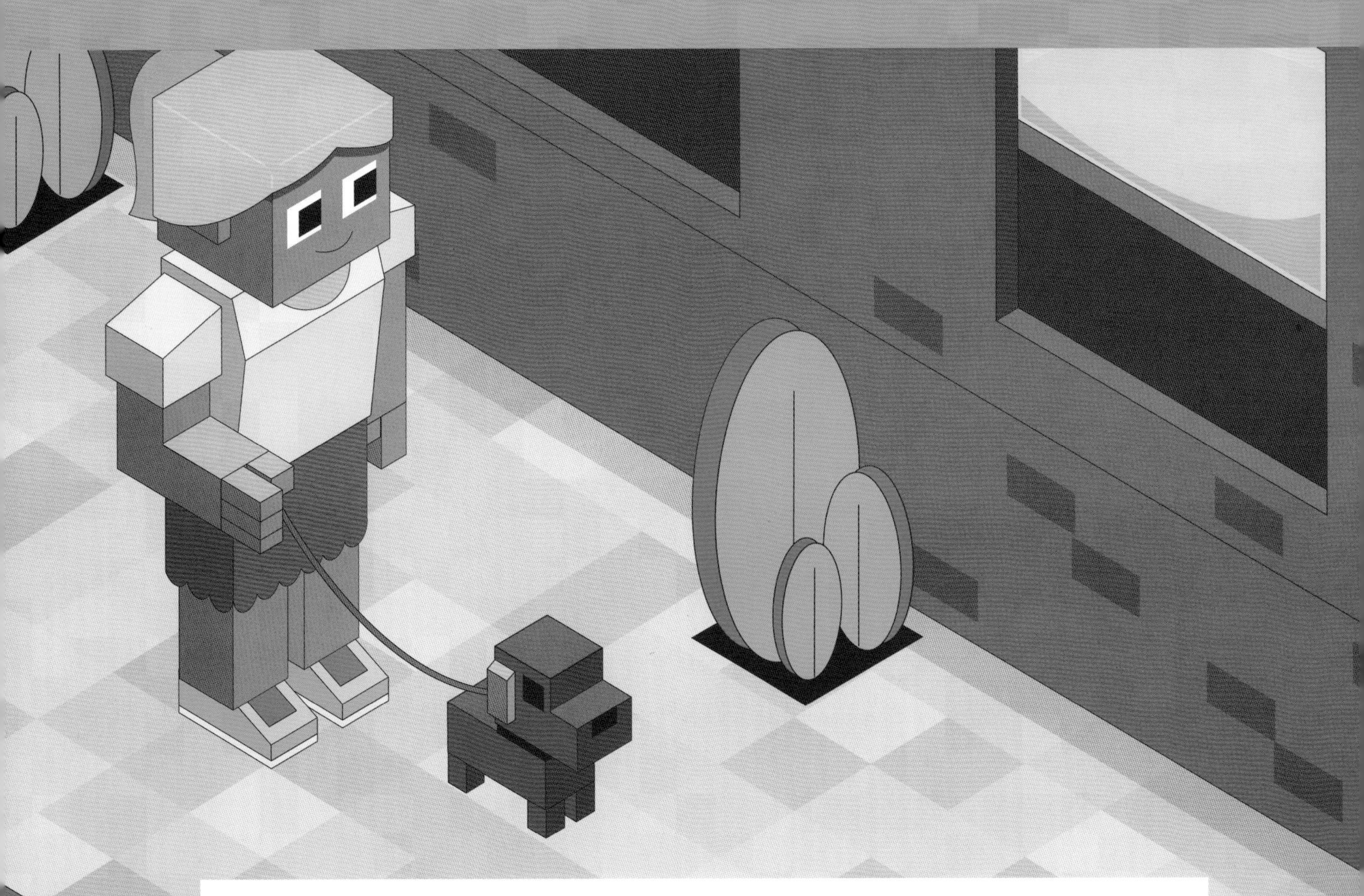

搜索自己

你在网络搜索引擎里搜过自己吗？也许你会发现跟你同名同姓的人哟。当然，还可能搜到你自己的照片、帖子或者其他你发过的东西。这一切就构成了你的网络身份，也就是网上关于你的所有信息。

管理网络形象

你的网络身份是由所有上传到网络的、和你的名字有关联的东西组成的。你可以这么理解，这些东西都是你个人品牌的一部分。打造一个积极的个人品牌，只在网上展示你最好的那一面非常重要。这是因为，传到网上的东西几乎不可能完全删掉了。所以，你发出去的东西一定得是你永远乐意给大家看的。发个很丢脸的照片，你当时可能不觉得有什么，但这件事很有可能在将来对你的生活造成不利的影响。

我刚才查看了一下我的网络身份。

你在笑什么？

然后呢？

我发现我可真不错呀！

社交媒体的互助作用

对现实世界中的少数群体来说，通过网络世界实现联合，是很不错的选择。对他们而言，可能有的人有特殊需求，有的人过着特立独行的生活。但是，只要在网上看到原来也有人和自己一样，那些感觉孤独或者与外界格格不入的人就能感受到更多的接纳与包容。

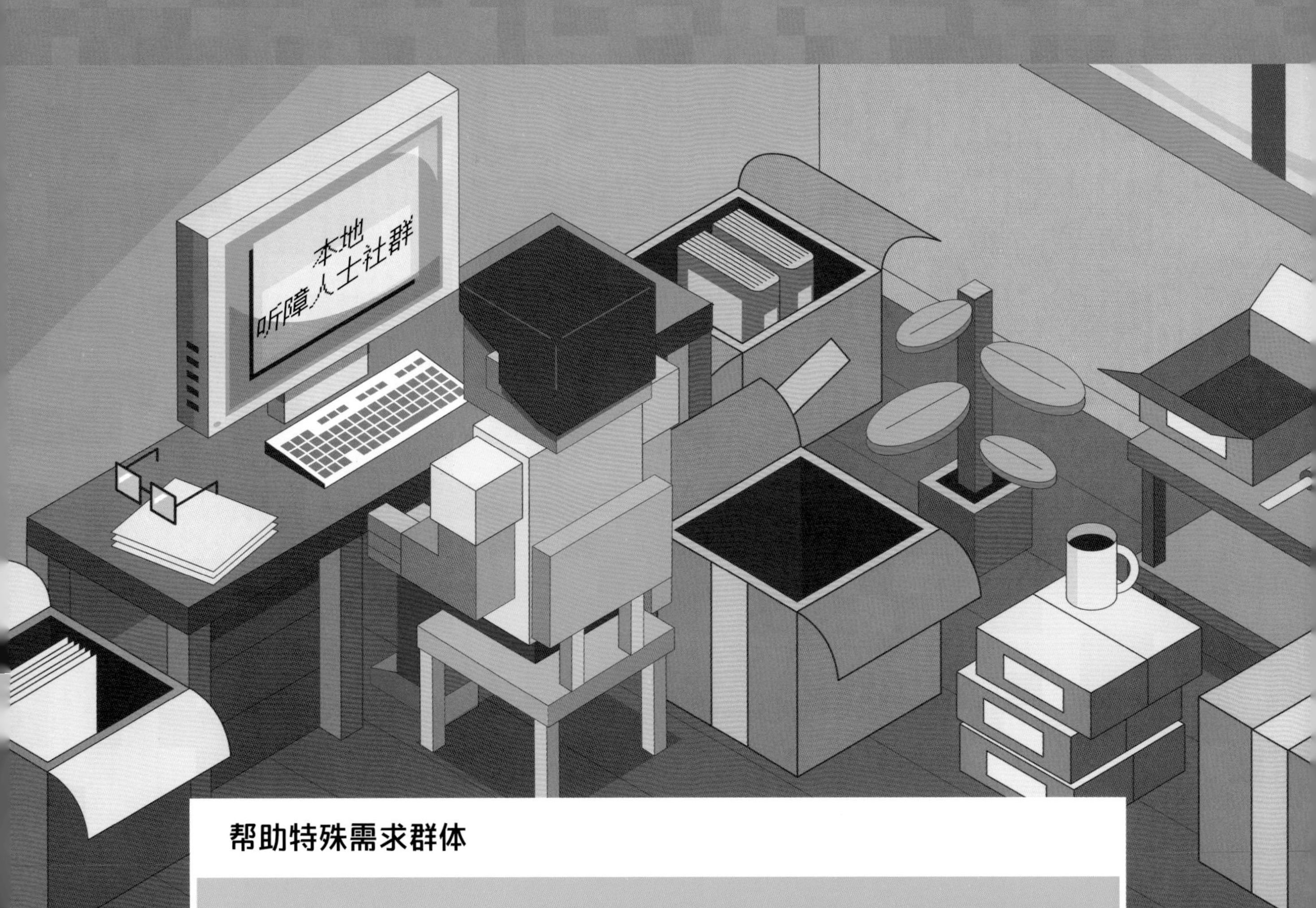

帮助特殊需求群体

对存在特殊需求的人来说，网络是非常有力的援军。比如，有听力障碍的人可以利用能收发文字信息的APP，在技术上帮助他们。而在互联网出现之前，他们没法打电话，只能依靠传真机来实现远距离的即时通信。这是互联网科技帮助普通大众更好参与社会生活的一个小例子。

帮助少数群体联合起来

在现实世界中，生活着许多不同的少数群体。他们不走寻常路，与主流社会理念不同。这些群体信仰的宗教、所属的民族、拥有的文化背景可能多种多样。有时，他们可能会感觉被孤立、被歧视，然而社交媒体网站能帮助他们与自己的同类人联合起来，在世界上争取更多的存在感，由此推动社会对抱有成见、排除异己的行为说“不”。

网上互助组

网上有各种互助组，在你需要帮助时就可以找到。比如，有人出了事故，骨折了，他想找同样出了事故动弹不得的人说说话；或者有人不幸患上了某种严重的疾病，哪怕仅仅是心情压抑，都可以寻找互助。找到跟你同病相怜的人，能让你心情明朗许多，不然，你很可能会常常感觉孤独无依。

社交媒体还能做什么

通过社交媒体，人们能够彼此相遇，有机会认识了解来自世界各个地区的人。网络用户都知道，与每个人都好好相处是很重要的，不管那个人来自哪个国家、皮肤是什么颜色、信仰什么样的宗教。这就是为什么网络世界能够帮助现实世界变成一个更加团结、宽容、和谐共生的空间。

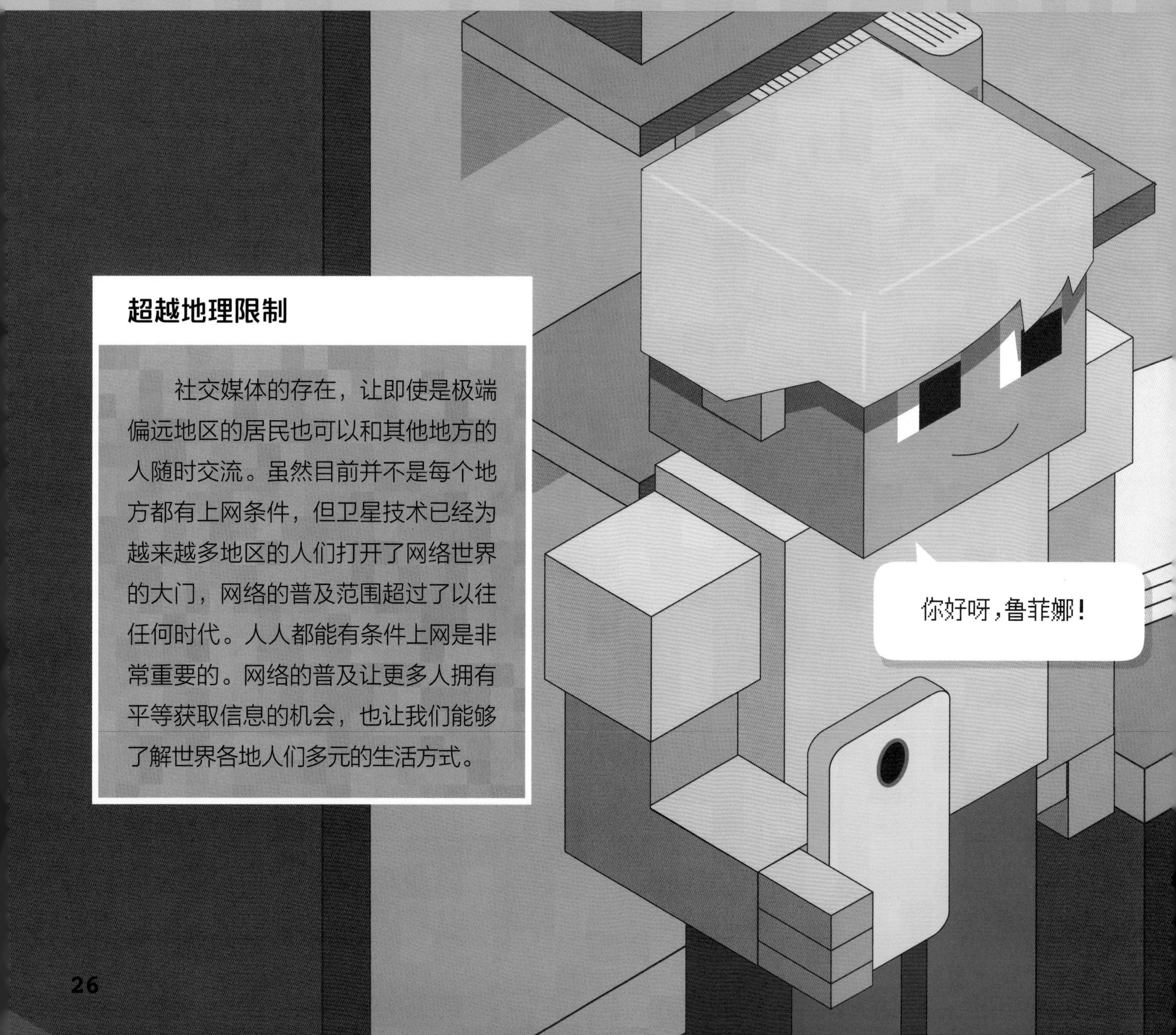

超越地理限制

社交媒体的存在，让即使是极端偏远地区的居民也可以和其他地方的人随时交流。虽然目前并不是每个地方都有上网条件，但卫星技术已经为越来越多地区的人们打开了网络世界的大门，网络的普及范围超过了以往任何时代。人人都能有条件上网是非常重要的。网络的普及让更多人拥有平等获取信息的机会，也让我们能够了解世界各地人们多元的生活方式。

传播包容理念

要将网络社区和现实社会变得更加美好，需要所有人的共同努力。很多时候，大家不信任、不喜欢来自其他国家或者文化背景和自己不同的人，仅仅是因为缺乏对他们的了解。然而，以社交媒体为代表的新技术手段正在消除各种阻碍人们彼此了解的因素，告诉大家，无论来自哪里，人和人归根结底都是一样的。通过传播这样的包容理念，世界各地的网络用户能让世界变得更好！

鲁菲娜是我的新朋友，她和她部落的人们都住在雨林里。
哇！住在这个地方可真棒！

小测验

看到这里，本书就要结束了。你对网络社交有什么思考呢？你学到了多少新东西，又记住了多少呢？做做下面这个小测验，看看最后你能答对多少题。

1. 下列哪个场景适合打字和别人交流？

A. 论坛

B. 棋牌室

C. 市民广场

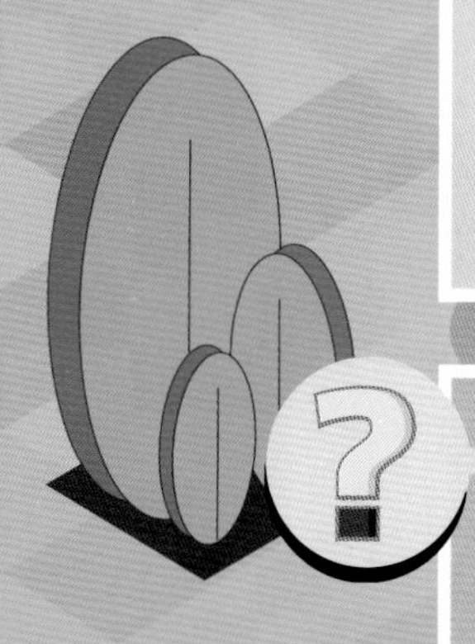

2. 要选择谁能看你发的帖子，应该在社交媒体账户的哪个部分进行设置？

A. 公共设置

B. 隐藏设置

C. 隐私设置

3. 上网时保持礼貌，注意言行，这种规则叫作什么？

A. 网络礼仪

B. 网络鲤鱼

C. 网吧礼仪

4. 在社交媒体上对骂，这种行为又叫作什么？

A. 对训

B. 对喷

C. 对对碰

5. 什么是你的网络形象？

A. 写着你名字和地址，贴着你照片的特别通行证

B. 你在游戏网站上的头像和网名

C. 网上所有关于你的信息的总和

6. 你在网上发帖之后，再做什么就很困难了？

A. 永远删除帖子

B. 用你信得过的大人的手机查看帖子

C. 在网上到处传播此帖

7. 网络使用者认为什么很重要？

A. 每个人都有条件上网

B. 在网上对所有人都保持包容

C. 以上皆是

你的测验结果怎样呢？看一看答对了几道题吧。

1～3道：

再接再厉，重做一遍，争取超过3道。

4～6道：

做得不错，通过测验！再做做其他册这本书的小测验，看看能不能通过。

7道：

哇，全对哟！你真是天生适合做网络小达人！

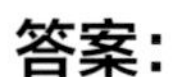

答案：

1.A 2.C 3.A 4.B 5.C 6.A 7.C

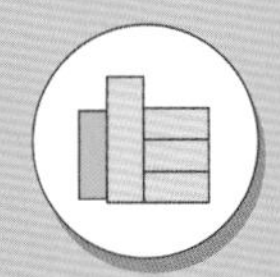

词汇表

APP

英文 application 的简写，意为“应用”，即智能手机、平板电脑等移动电子设备上所装的应用软件。

头像

人们在网络上用于自我标识的图标或图片。

互联网

让全球数十亿计算机可以彼此连接的超大型电子网络。

在线

通过电脑或其他数字设备连接到互联网。

隐私设置

社交媒体平台上的控制选项，让你决定谁能看到你的账号信息和发送的动态等内容。

昵称

也叫网名，是大家在注册各种网络账户的时候给自己起的名字，目的之一是隐藏自己的真实身份。

搜索引擎

互联网上的一种软件系统，可以根据你输入的关键词，呈现在网络上搜索到的相关信息。

网站

一个网站通常由多个网页组成，其数据储存在某台电脑服务器上，并允许大家通过互联网来访问。

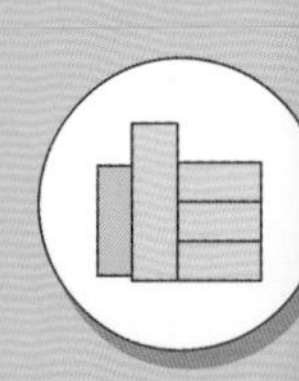

如何粉碎网络谣言

在网络世界，传统的媒体、新媒体甚至个人都成了发布信息的源头。为了吸引眼球，增加点击量、阅读量，有些文章会使用耸人听闻的标题，或者发布未经核实、不严谨的内容。

你是否也曾经对某些网络谣言信以为真呢？

拥有鉴别力是在网络世界生存的必要技能。下列的哪些消息是真消息，哪些又是假新闻呢？

1) 据中新网，天津科技大学研究发现，凉皮、炒河粉、方便面等食物，在营养均衡度上位居前列。其中方便面的膳食能量构成相当接近世卫组织的推荐值：其总能量的50%~65% 源于碳水化合物、20%~30% 来自脂肪、11%~15% 来自蛋白质，比包子的营养更加均衡。

2) 2020 年全国高考延期一个月举行。

3) 北京市人民医院称：昨天凌晨 2:20，68 人感染 BS250 病毒死亡，最大的 68 岁，最小的 5 岁，参与抢救的医生已隔离，中央电视台新闻已播出，暂时别吃鱼肉、酸菜，特别是草鱼。北京市已有 127 个鱼塘发现病毒。收到马上发给你关心的人，最好是群友。

你判断正确了吗？以上只有第 2 则是真的新闻，其他 2 则均为谣言。

谣言常常有以下特点：一、只传达主观印象，缺乏可信的科学证据；二、缺乏严谨的研究和论述，结论简单粗暴，以偏概全；三、表述夸大，容易引起恐慌。

比如第 1 则新闻违背了一般的常识。方便面高油高盐、营养成分单一，长期吃方便面不利于人的身体健康，容易营养失衡。而且数据缺乏精确的测量，比如多少克方便面和多少克包子，什么类型的方便面和什么馅料包子的比较，就说方便面比包子营养更加均衡，肯定是不严谨的。再比如第 3 则谣言，这类谣言有一些共性。首先，它们往往具有地域贴近性，在不同地区传播的时候就会加上某地地名，比如北京人民医院称、上海九院称。其次是强调央视已报道，体现其权威性。另外，还常常会加上“收到马上发给你关心的人”这样的表述，搞道德绑架，要求转发。

网络信息真假混杂，我们在浏览网络新闻的时候，需要仔细辨别，不要轻信，先确认真伪，再进行分享和传播。当家里的长辈、老人轻信一些谣言的时候，你也应该积极帮助他们认清真相。目前已经有一些识别谣言的小程序出现了，例如“腾讯较真辟谣”“微信辟谣助手”，当遇到不确定真假的新闻时，你也可以登录以上小程序进行查验。

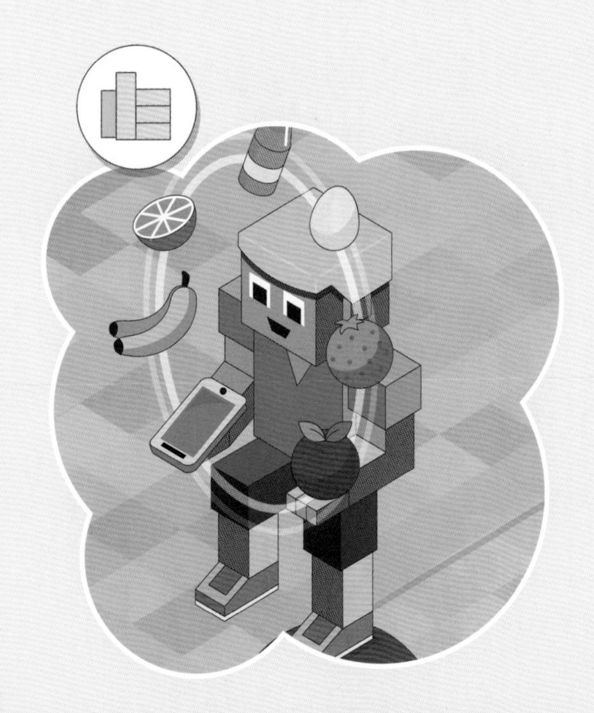

给孩子的网络生存手册

数字化的未来，我能胜任！

[英]本·哈伯德 著 [阿根廷]迭戈·魏斯贝格 绘 小砂 译

中信出版集团 | 北京

图书在版编目（CIP）数据

数字化的未来，我能胜任！ /（英）本·哈伯德著；（阿根廷）迭戈·魏斯贝格绘；小砂译. -- 北京：中信出版社, 2020.9

（给孩子的网络生存手册）

书名原文: Digital Citizens: My Digital Future

ISBN 978-7-5217-1946-8

Ⅰ. ①数… Ⅱ. ①本… ②迭… ③小… Ⅲ. ①数字技术－青少年读物 Ⅳ. ①TN-49

中国版本图书馆CIP数据核字（2020）第100067号

Digital Citizens: My Digital Future

By Ben Hubbard Illustrated by Diego Vaisberg

数字化的未来，我能胜任！

（给孩子的网络生存手册）

著　　者：[英] 本·哈伯德

绘　　者：[阿根廷] 迭戈·魏斯贝格

译　　者：小砂

出版发行：中信出版集团股份有限公司

（北京市朝阳区惠新东街甲 4 号富盛大厦 2 座　邮编　100029）

承 印 者：北京联兴盛业印刷股份有限公司

开　　本：889mm × 1194mm 1/16　　印　　张：$1\frac{7}{8}$　　字　　数：30千字

版　　次：2020年9月第 1 版　　印　　次：2020年9月第 1 次印刷

京权图字：01-2020-3266

书　　号：ISBN 978-7-5217-1946-8

定　　价：109.00元（全6册）

出　　品　中信儿童书店

图书策划　如果童书

策划编辑　陈倩颖

责任编辑　房阳

营销编辑　张远　邝青青

美术设计　佟坤

内文排版　北京沐雨轩文化传媒

目 录

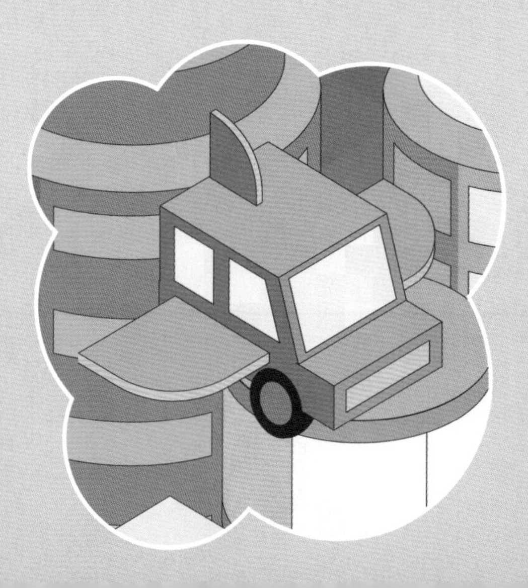

跟上数字技术发展的脚步

只要登录了互联网，我们就融入了这个巨大的网络世界。在这个世界里，我们可以使用智能手机、平板电脑或者台式电脑等各种设备与全球数十亿人互动交流。全球网络社会就是由这些登录了互联网的人共同组成的。如果你也使用了互联网，你就和他们一样一起构成了网络社会。那么，进入网络世界意味着什么呢？

现实世界和网络世界

在现实世界里，我们每个人都是公民，享有法律规定的权利并应履行相应的义务。对公民来讲，具备良好的素养，懂得照顾好自己和他人，并且乐于为建设更美好的社会贡献自己的力量，这些非常重要。在网络世界也是一样的，但网络世界比街道社区、城市和国家都大得多，它覆盖全球，而且没有边界。因此，要将网络社会打造成一片属于大家的安全、有趣、精彩无限的天地，需要我们所有人的共同努力。

畅想数字化的未来

在现代社会，我们的日常生活都离不开数字技术。甚至有许多人从不下线，他们总是使用移动设备或者可穿戴设备与互联网、各种局域网以及大范围的网络社区保持连接。作为一个网民，很重要的一点就是要跟上数字技术最新的发展趋势，因为我们的未来就是数字化的未来。那么这样的未来会带来什么样的变化呢？这本书的内容就将围绕现代数字技术以及它未来的面貌进行探索。

这是你发明的吗？干什么的？
这是一台传送机，只要我上网能看到的地方，它都能把我传送过去。我马上就要出发去看恐龙了！
那不会很危险吗？
所以我还发明了这个会飞的隐形罩，恐龙咬不穿！

什么是物联网和智能家居

生活在现代社会，大家身边到处都是各种各样的现代科技产品。不管走到哪里，都能看到有人在用智能手机、平板电脑或者可穿戴设备。在家里，我们还有笔记本电脑、游戏主机和智能家居等。互联网把所有这些设备以及它们的用户都连接在了一起。那么不用说，在未来，互联网将使我们之间的联系变得比以往任何时候都更加紧密。

什么是智能家居

如今，家庭成员之间经常会互相发信息或者查看彼此的社交媒体状态，以便保持联系，甚至在大家明明都在家里的时候也可能如此！有的家庭在应用数字技术方面则比别人更进一步，开始使用能够上网的智能家居。什么是智能家居呢？就是那些能自动开关的灯、灶、家庭安全系统等，你还可以用手机远程操控它们。在有些家庭里，这些家用电器是通过一个中央“总控”机器人实现联网的，这个机器人可以在家里游走，它不仅会说话，还可以认识和分辨不同的家庭成员。

什么是物联网

智能家居是“物联网”（internet of things，IoT）的组成部分。所谓物联网，就是通过互联网将各类设备连接起来，让它们之间可以互联互通，也可以和用户实现互动。例如，智能冰箱探测到冰箱里的牛奶快喝完了，就能发消息提醒我们购买。不难想象，未来物联网的应用范围可远远不限于家用电器。在将来，也许会出现能提醒我们按时遛狗的智能健康狗项圈、一旦装满就自动发消息提醒相关人员来收垃圾的智能垃圾桶，还有能和无人驾驶的车辆进行互动以保证交通畅通的红绿灯。

跟妈妈说一声，我再有5分钟就过去。
您的黄油已经不足。
您的饭菜已经烹饪完毕。
今天下午3点有雨。
你过来吃午饭吗？

未来主流的网络数字技术

在技术更新换代令人目不暇接的今天，各种电子设备好像刚一面世，就很快过时了。当然，作为一个网络小达人，时刻保持对科技发展新动向的了解是非常重要的。那么，未来一段时间，哪些数字技术可能会成为主流呢？

机器人总动员

其实在我们周围，机器人已经投入使用好多年了。就在此时此刻，工厂、医院甚至普通家庭中都有机器人在工作。其实，几十年前世界上就出现了机器宠物。也许，在不久的将来，我们也能在商店和餐馆里看到机器服务员的身影。

比现实更现实

一开始，虚拟现实（virtual reality，VR）头盔主要是应用在游戏上的。戴上这种头盔，玩家就能看到虚拟的三维世界，还能进行互动操作，就像在真实世界一样。现在，VR头盔的功能已经扩展到了好多别的领域，例如可以用来浏览和使用APP，设计飞机和汽车，探索各种仿真的地球环境，等等。人们预测，VR技术很快就能应用于与真实场景和人群的实时互动，而且是在你足不出户的情况下。这就意味着你只用戴上一个VR头盔，就可以如同身临其境、坐在前排一般，享受精彩的体育比赛、听老师上课或者是找医生看病。

穿戴也智能

可穿戴数字技术的出现，让我们能够使用智能手表或者智能眼镜连接互联网，不再需要包里揣着电子设备到处跑了。同时，通过语音命令的方式操作设备，也是一个减少划屏时间的新方法。人们预测，或许不久以后，支持语音控制的智能眼镜或者智能头盔就能直接把图像投射到人的眼睛里。如果那一天真的到来了，智能手机也将成为历史。

无人机快递

2016年，第一次由无人机派送的比萨被成功送达。如今，无人机技术已经发展到了能够运送真人的程度。这些无人机设计精巧，接到人之后，无须人类操控，就可以自动把他们送到指定地点。也许对网络用户来说，他们的未来会是通过VR头盔听老师上课、出行都是坐私家无人机的未来。

做理性的数码设备消费者

我们都是新技术的消费者，经常受到各方诱惑，被各种暗示要“买买买”。科技公司永远在彼此较劲，争相发布最新产品，而且在广告里拼命营销，仿佛缺了他们的产品，生活就是不完整的。聪明的小网民懂得怎么使用当今的最新科技固然很重要，但同时也要思考，我们怎么才能在不断更新自己数字技术知识的同时，拒绝购买最新电子设备的诱惑呢？

拒绝营销套路

聪明的小网民懂得怎么才能在不买最新数码产品的情况下，跟上数码科技的潮流。其实，搜索引擎是个很好的工具。读一读在线科技杂志，或者看一看别人的新品评测视频，都是很好的入门方法，可以让你不花钱买东西就能了解业界的各种新动态。

不要冲动购买

看到电子设备新品的营销广告，我们很容易心痒，好像不买就不行。其实只要过一段时间，这种买东西的欲望就会消失。说句实话，你手上的电子设备还能用吗？能用的话有什么必要买新的呢？另外有一点也很重要，那就是要知道最潮的产品不见得就是最好最经典的产品。对我们来说，最好的做法就是不要被消费冲动牵着鼻子走，而是慎重地考虑什么是必需的，什么不是。这样你就不会陷入无限“买买买”的怪圈。

保管电子设备的正确方法

你丢过手机或者平板电脑吗？这些东西丢了的话，会对我们造成很大的打击。只有当设备丢失的时候，我们才意识到处处都要用到它们。因此，聪明的小网民会细心保管自己的电子设备，让它们保持良好运行。你如果不知道怎么做到这一点，可以看看下面这些小提示。

你手里拿的是什么？
这是一个用钢板加固，还垫了铅条的保护柜，给我的手机准备的，挺过爆炸都没问题。

壳膜保护

要保护手机，可以给手机装上手机壳或者手机套，再给屏幕贴上防护膜。这种方法简单又有效，不但能够避免划痕，还有可能在手机不小心掉到地上的时候，救它一命，防止摔坏。

妥善保存

给电子设备找一个安全的存放地点，比如书架，不用的时候就可以放在那里。充电器也要放在一起。这样就可以防止设备损坏，或者忘了放在哪里，找不到了。

电池保养

只要保养得好，手机电池可以用上好几年。最好的电池保养方法就是定期充电。有专家称，将手机电量保持在40%到80%之间，能够极大地延长它的寿命。说得更简单一点，要及时充电，尽量不要让手机电量降到40%以下。

干爽不潮湿

避免电子设备受潮说起来好像是天经地义的，但还是提醒一句，在不得不冒雨使用的时候也要注意别让它们进水。另外，在没有遮挡的水面周围使用电子设备也要加倍小心，比如河边、海边和马桶边！

眼中有，心无忧

在公共场所，永远不要让电子设备离开你的视线。同时，记得一定要给设备设置密码，这样即使设备不慎被偷走，小偷也没法获取你的信息。你还可以下载一些防盗软件，一旦手机被偷，这些防盗软件就可以强制手机关机，并且发送你手机的定位。可以请你信得过的大人帮你设置这些功能。

软件升级

在你的电子设备上进行软件升级是防止恶意软件入侵的一个有效手段。软件之所以会推出升级版本，正是为了应对新出现的系统漏洞和病毒。在绝大多数情况下，软件升级之后，你的手机使用起来也会更加流畅。

怎样通过网络学知识

想在线跟各路达人学东西？有个好办法就是去看他们的博客、视频教程和视频博客（vlog）。在这些资料中，有的会告诉我们事物是怎样运行的，有的会传授手工制作的实用小窍门，有的会发布游戏攻略，还有的会发布最新科技产品的评测。这些信息都能帮助我们成为更加合格的网络用户和更加理智的消费者。

自己动手

你有没有憧憬过自己制造一台智能手机投影仪呢？或者造一个简单的机器人怎么样？只要跟着视频教程走，很容易就能学会。很简单，去视频网站或者使用搜索引擎，你想自制什么东西就输入什么，然后搜索就行了。

利用好评测

要做一个聪明的小网民，就要对最新的数码科技成果和应用范围有所了解。在搜索引擎上输入电子设备新品的名字，再加上“评测”两个字，就能很轻松地查到各类评测报告。很多时候，评测结果都会告诉你，某个最新产品完全没有广告里吹嘘得那样好，所以看完评测结果，你不但能省很多钱，还能省很多心。

查找游戏攻略

有一种“痛”，只有游戏玩家懂，那就是卡在游戏难关反反复复被打败、反反复复过不去的痛。看攻略可以帮助你解决这些棘手的关卡，还可以在你实在不想老老实实打过关的时候指导你怎么“作弊”。在搜索引擎里输入游戏的名字，再加上“攻略”或者“窍门”一类的关键词，就可以轻松找到攻略。

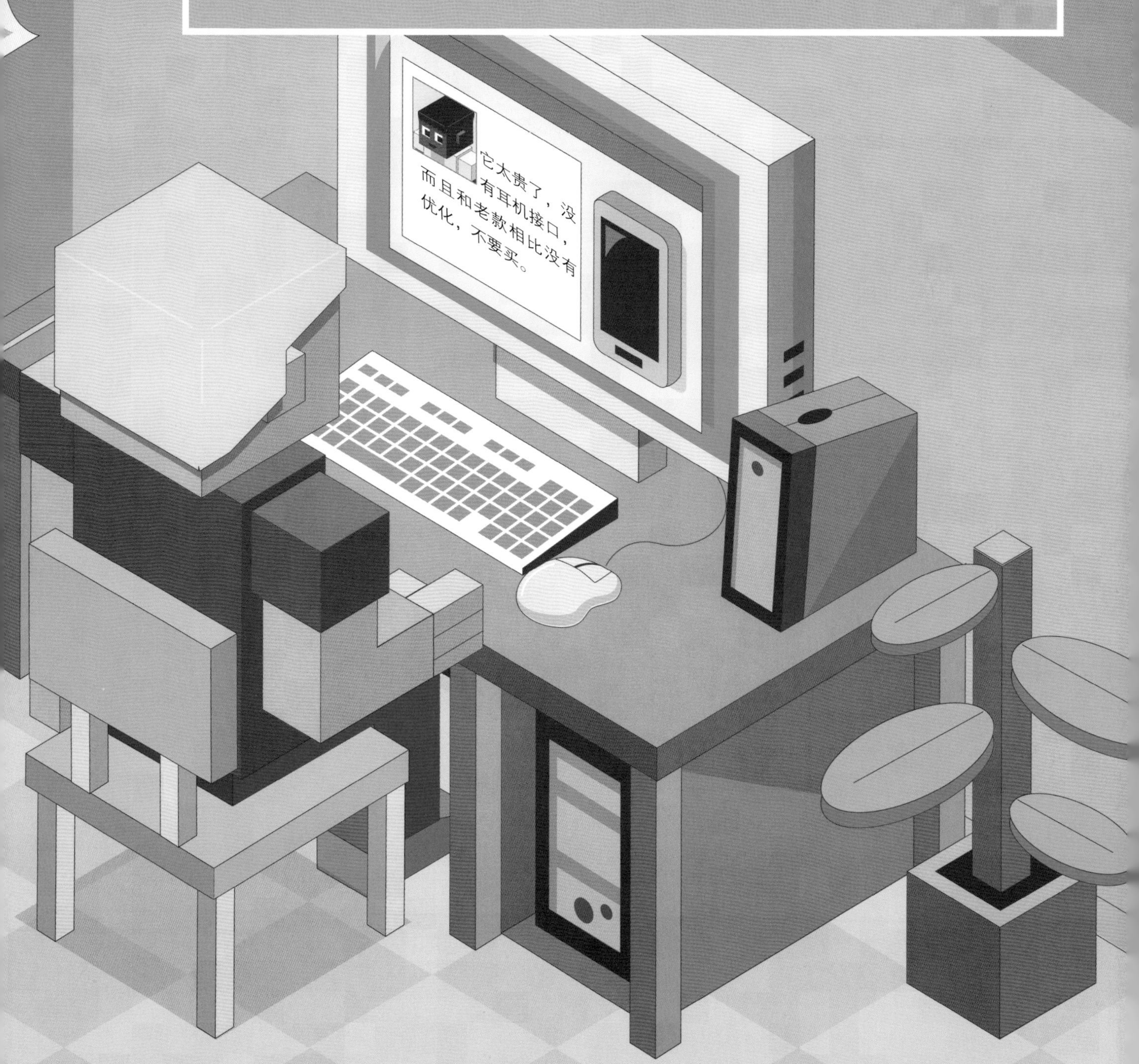

如何规避网购的风险

如今，大家都爱在网上购物，很多人无论买什么都要在网上买。大多数合法的东西都能在网上买到，但是网购也有一些风险，比如钓鱼网站就是其中一个很常见的例子。聪明的小网民应该懂得怎样识别钓鱼网站，这样就不会被骗了。

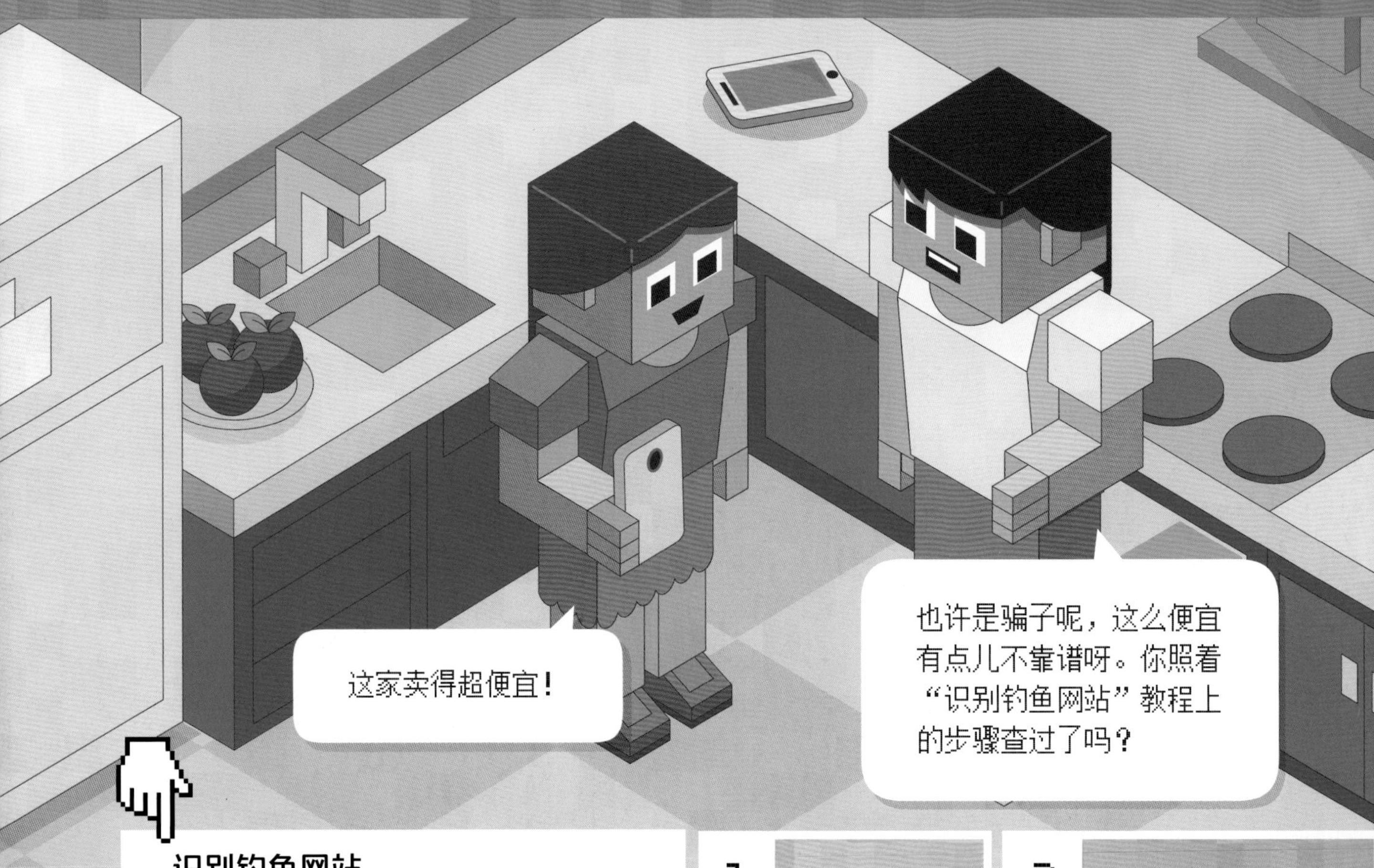

这家卖得超便宜！
也许是骗子呢，这么便宜有点儿不靠谱呀。你照着“识别钓鱼网站”教程上的步骤查过了吗？

识别钓鱼网站

有些购物网站出售的产品和别家一样，但是价格却要低很多，是不是有点儿太美好了，感觉不太可信？不信就对了，实际上可能真是骗子呢。你可以根据以下步骤来检查网站的真实性：

1 网站页面上有没有乱码、错别字或者奇奇怪怪的话？

2 网站的域名是不是新近才注册的？使用“域名检测”工具可以查看这方面的信息，你可以找自己信得过的大人帮忙查一查。

识别虚假好评

钓鱼网站有时候会通过发布虚假好评来骗取人们的信任。如果你看到好评集中出现，而且评论日期比较近，那就有可能是“刷”出来的虚假好评。另外，如果评论普遍只有短短几个字，没有透露什么有用的信息，而且遣词造句也都差不多，这也很可能是“刷”出来的。看到这种“刷好评”的网站，最好的办法就是你压根别去碰，点都不要再点。

大减价
爆款
秒杀中
妈妈，你说得对，这个网站看起来就是钓鱼网站。

3 网站页面上是否公布了详细的公司联系方式，例如电话号码、公司地址或者电子邮箱？

4 网站有没有退货页面？上面有没有把退货规则写清楚？

5 查一查别人有没有被这个网站骗过。在搜索引擎里输入网站的名字，再加上“评论”或者“是真的吗”“怎么样”之类的词语，搜一下看看，只要别人反映过这个网站很“坑”，那就不要再去点了。

互联网提供了哪些机遇

数字技术对商业发展的促进作用非常大。回到20年前，一个普通的办公室白领用智能手机参与视频会议，这种场面是根本不可想象的，而今天，这已经司空见惯了。现在，年轻一代的互联网企业家已经在世界上崭露头角，他们开发了许多新兴社交媒体网站、手机应用和游戏。还有人利用数字技术来解决困扰我们这个星球的各种环境问题。

我发明的这个机器能以果皮等植物性废物为原料，生产汽车燃料。

为大众利益服务

许多互联网企业家创业的初衷未必是赚钱，他们中很大一部分人是希望利用数字技术造福千家万户，并且保护我们的地球家园。有的企业家会通过网络宣传自己的事业，吸引更多关注；还有的会发明新的技术手段，帮助有困难的人。接下来让我们看几个例子。

1 **环保APP。**现在出现了很多环保APP，来帮助人们提高环保意识。比如说，有的APP可以通过扫描二维码告诉你商品的产地，以及在生产过程中是否对环境造成了污染。还有的APP会记录你的碳足迹，并且提供节能减排的建议。

在线创业

自互联网诞生之日起，创业者们就一直在寻求利用网络赚钱的机会。有些人利用网络信息技术开发出让人们生活、交流更便捷的APP。一些人用互联网思维改造旧的商业模式，例如融合线上支付和线下体验，把网络消费者带到现实商店里去。还有人通过网络众筹，让自己的商业创意成为现实。

很多车辆都可以使用生物燃料驱动，而不是污染环境的汽油。

2 **智能减排。**智能家居靠电脑中控或者联网机器人控制，目的就是减少家居生活中的能源浪费。在房间里没人的时候，电脑就会自动关灯。智能家居还会在夜里用电低谷时使用家用电器，以及关闭暂时无人使用的电器等。

3 **公益倡导。**有的视频网站专门发布引人思考、富有启发性的演讲视频，在网上很容易就能搜到。其中一些网站会重点宣传如何解决环境问题、实现世界的绿色发展。这样的视频网站能够提高公众的环保意识，号召大家共同行动，提醒我们去关心世界面临的种种问题。

如何利用网络资源学习

网络让我们可以随时随地获取各种各样想要了解的信息，打破地域的界限让远在天边的人近在眼前。遇到了不了解的知识？打开搜索引擎去查询。想学习纸杯蛋糕的做法？菜谱和制作教程就在网上。以前，我们通常需要走出家门，去教室听老师讲课。但是现在进入网上虚拟教室，就可以收看屏幕那端老师的讲课了。这不仅节约了路上的时间，还让我们拥有了更大的选择空间。

谢谢大家跟我们连线。今天要跟大家讨论的是，怎样才算是一个合格的网络使用者呢？

利用网络资源学习

网络上有丰富的学习资源，包括知识类网站、在线外语词典、电子书、音频和视频节目、在线课程、直播课程等。完成作业后，不妨利用课余时间继续拓展自己的知识面，积极利用网络资源，丰富自己的兴趣爱好。

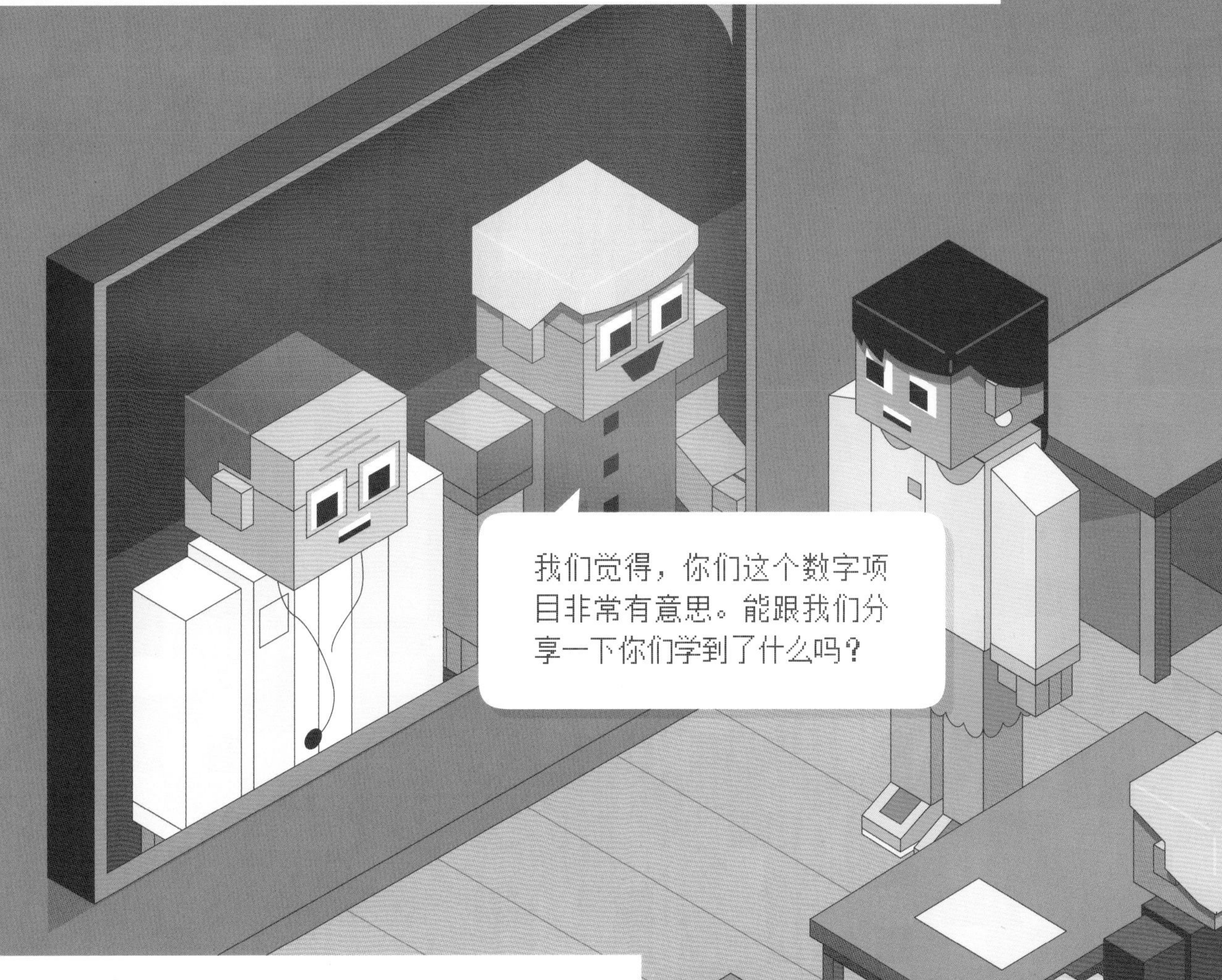

我们觉得，你们这个数字项目非常有意思。能跟我们分享一下你们学到了什么吗？

参加在线课程

想听美国著名大学的教授给小朋友讲量子力学？想去云游博物馆？网络让这些在家也能实现。网络让更多的人获得了受教育的机会，获取到原来接触不到的教育资源。

避免被网络数字技术绑架

许多人会担心，人类的生活已经被高科技主宰了。按照他们的说法，电子设备制造出来，就是奔着控制人类去的。当然，每一个网络使用者都应该思考的是，到底高科技应该在我们的生活中占据多少空间？想清楚这个问题，对我们勾画未来科技的面貌会很有意义。

你好，我是从未来穿越回来的。
哇！未来是什么样的呀？
我刚刚给你的手机发了一些图片，你可以自己看。

电子生化人

专家预测，有一天人们厌倦了智能手机和可穿戴设备之后，就会转而关注电子植入装置，就像通过手术在体内植入一个设备，把你的大脑直接连上互联网；或是在眼睛里植入某种装置，你就可以随心所欲地在眼前投影出一块屏幕。也有很多人认为，使用了这种技术，那人类就成了电子生化人了——也就是半人半机器的生物。对此，你是怎么看的呢？

关机休息一下

有时候，要网络用户关掉电子设备，他们会经历很激烈的心理斗争。当然，在我们的生活中，互联网的重要性只会增加，不会减少，但是你可以决定自己在网络上投入多少时间和精力。问问自己“上网是不是已经影响了我的身心健康？”或者“是不是上网已经挤占了我太多时间？让我无法享受现实生活中其他精彩活动？”还有，最重要的问题是：“上网总是让我感到开心吗？”如果你并不很清楚自己为什么要花那么多时间上网，那也许是时候关掉你的电子设备，好好休息一下了。

谢谢。你怎么发的图片呀？
我先用体内植入的WiFi接收器连上网，然后在眼球投影屏幕上找到你的号码，再用脑电波编辑出信息发给你。在未来，一切都是直接由思想控制的！

网络世界的生存法则

没有人能精确地预知网络世界里将会发生什么变化。因此探讨如何才能做一名合格的网络使用者，是很重要的，这是在网络世界生存的基础。绝大多数人都认为，合格的网络使用者应该具备一系列良好的品质，包括诚信可靠、乐于助人、富有同情心等。除此之外还有没有别的必备品质呢？说说你的看法吧，毕竟网络世界的未来还是一张白纸，正等着每一个像你一样的小网民去书写。

从网络使用者到数字创客

可能你觉得把网络用户应该具备的良好品质一条条列出来有点儿奇怪，但这样做是有理由的。今天的小网民，比如你，就是明天的数字创客。这就意味着，你们将会决定网络世界发展成什么样子，以及以后的网络用户应该遵守怎样的行为举止规范。有了你的一份力量，网络世界将变成属于大家的一片安全、有趣、精彩无限的天地。

合格的网络用户应当遵守以下一些规范。

1 在上网的时候既尊重自己，又尊重他人。

2 懂得保护自己和身边伙伴们的个人隐私。

3 支持言论自由，但不能出口伤人。

网络用户还应该做到哪
几点呢？我想不出来了。
如果你想不到其他的品质，
那就看看书上是怎么写的。
数字化的未来，
我能胜任！

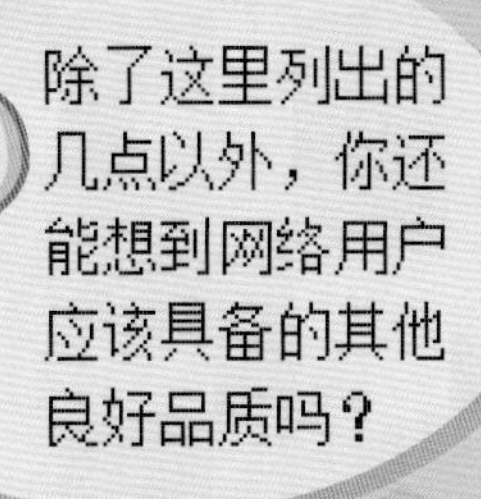

除了这里列出的
几点以外，你还
能想到网络用户
应该具备的其他
良好品质吗？

4 遵纪守法，并且服从学校和家长制定的上网规定。

5 怀着善意、体贴和同情心去对待其他的网民。

6 相信人人都应该享有上网的权利。

7 上网时懂得维护自己的身心健康。

小测验

看到这里，本书就要结束了。你对自己的数字化未来有什么思考呢？你学到了多少新东西，又记住了多少呢？做做下面这个小测验，看看最后你能答对多少题。

1. IoT是什么意思？

A. 免联网

B. 物联网

C. 我联网

2. 虚拟现实头盔最开始是用来做什么的？

A. 玩游戏

B. 跑步

C. 预见未来

3. 为什么你应该给智能手机升级软件？

A. 升级有奖，可以抽新手机

B. 可以防止手机被最新的病毒感染

C. 不升级的话手机就要爆炸

4. 如果你在某个网页上没看到公司的电话、地址，也没有“退货”条款，你应该怎么做？

A. 不要在上面买东西

B. 只在上面买便宜的东西

C. 给开发者发邮件，问他这个网页是真的还是假的

5. 互联网企业家不会通过什么方式赚钱？

A. 做APP

B. 通过网络众筹实现商业创意

C. 骗点击

6. 在公共场所，你应该怎样保管自己的电子设备？

A. 到处炫耀

B. 让陌生人帮你拿一下

C. 不让它离开自己的视线

7. 未来什么设备的出现可能会代替智能手机?

A. 电子植入装置

B. 铁罐头

C. 会说话的机器人

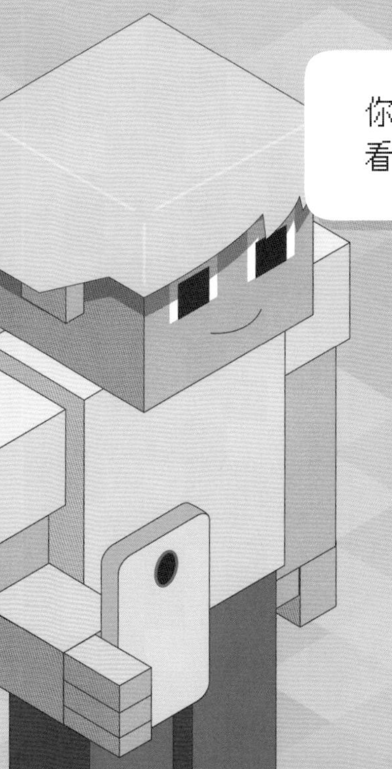

1～3道:

再接再厉，重做一遍，争取超过3道。

4～6道:

做得不错，通过测验！再做做其他册的小测验，看看能不能通过。

7道:

哇，全对哟！你真是天生的网络小达人!

答案:

1.B 2.A 3.B 4.A 5.C 6.C 7.A

词汇表

APP

英文 application 的简写，意为“应用”，即智能手机、平板电脑等移动电子设备上所装的应用软件。

碳足迹

一个人进行日常活动时，排放到大气中的有害二氧化碳气体的数量的轨迹。

下载

从互联网或其他计算机上获取信息，并储存在自己的设备里。

互联网

让全球数十亿计算机可以彼此连接的超大型电子网络。

恶意软件

对危险的电脑程序的统称，被制造出来造成其他电子设备的损坏或停机。

在线

通过电脑或其他数字设备连接到互联网。

搜索引擎

互联网上的一种软件系统，可以根据你输入的关键词，呈现在网络上搜索到的相关信息。

社交媒体

网络用户彼此之间用来分享内容和信息的网络平台，主要包括：微博、微信、QQ 空间、短视频平台等。

VR

virtual reality，虚拟现实，用电脑生成的虚拟环境，人们可以和它进行互动。

网站

一个网站通常由多个网页组成，数据储存在某台电脑服务器上，并允许大家通过互联网来访问。

众筹

一群人凑在一起，每个人都出点钱资助同一个项目。

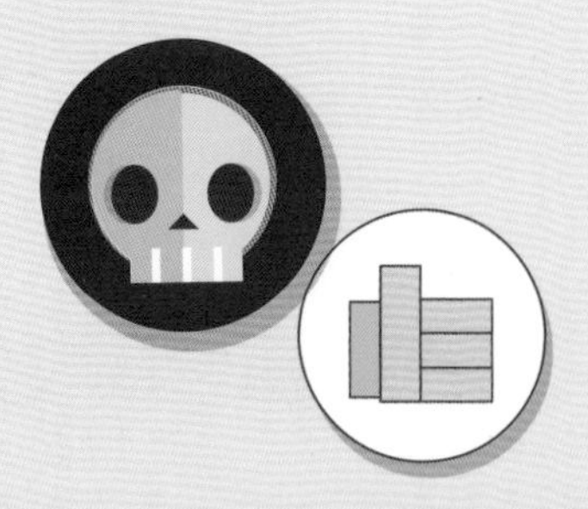

大数据对我们生活的影响

互联网技术的发展让“大数据技术”迅速应用在人们的生活中。互联网公司在日常运营中生成、积累了足够多的用户网络行为数据后，通过一定的算法向网络用户推送其平时感兴趣的内容，使每个网络用户上网浏览、搜索到的内容会因为个人喜好而有所不同。你可能会因为不断收到自己感兴趣的游戏广告而感到高兴，或者因为视频软件向你推送的作品刚好有你喜欢的演员出演而感到激动。

这样的大数据是不是很诱人？但是，千万不要忽视这背后隐藏的风险。如果一个人只会接收到自己喜欢的信息，并形成了习惯，那他就会在不知不觉中对现实世界的模样失去了客观认知，以为看到的就是现实的世界，但其实这只是被推送而来的世界。而我们也因为被限制了对现实世界的想象，丢失了自己的主观判断，成了互联网时代商家的待宰羔羊。

要记住，只有保持好奇、开放的态度，主动搜索和了解丰富多样的信息，懂得识别商家的营销手段，才能在大数据时代掌握主动权。

你知道吗？

为未来画像

随着科学技术特别是互联网技术的迅猛发展，人类的未来生活将越来越“智能”。海量的数据将指导我们的生活，万物因为网络而连接。你能想象吗？也许在不久的将来，你的生活会发生如下变化。

1）你会带上拓展现实眼镜，只要眨眨眼就能完成拍照、上传网络、收发短信、查询天气路况等操作。

2）你的智能T恤会通过接触你身体的传感器测量你的步数、呼吸频率等指标，在你需要摄取水分或休息时及时提醒。

3）会有纳米机器人在你身体内的一些微小部位工作，帮你预防或消除一些疾病，并将实时数据同步给你的家庭医生。

4）你将乘坐无人驾驶汽车出行，居住在满是智能家居的房屋里，享受机器人大厨做的美餐。

无论未来科技多么迷人，你都应该具有良好的心态和素质，让技术为你所用，而不是被技术操纵、迷失自我。在每一个使用网络的当下，做对自己负责、对他人负责的使用者。

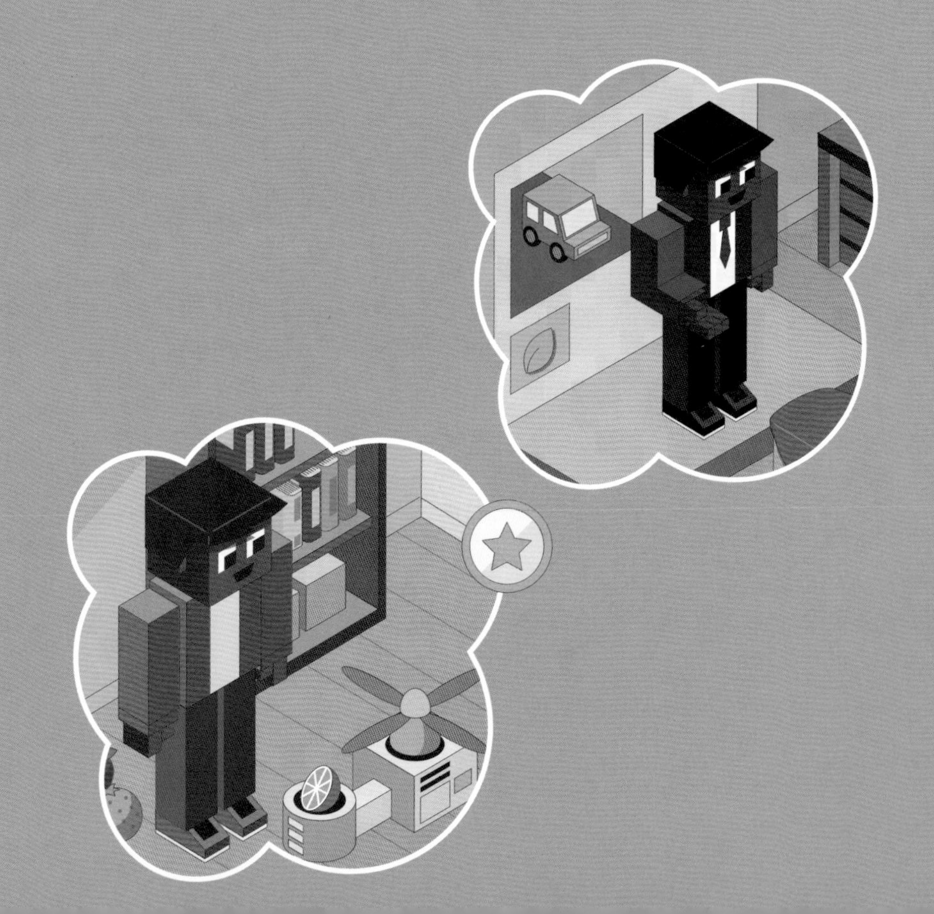

给孩子的网络生存手册

我的网络世界说明书

[英]本·哈伯德 著　[阿根廷]迭戈·魏斯贝格 绘　小砂 译

中信出版集团 | 北京

图书在版编目（CIP）数据

我的网络世界说明书 /（英）本 · 哈伯德著;
（阿根廷）迭戈 · 魏斯贝格绘; 小砂译. -- 北京 : 中信
出版社, 2020.9
（给孩子的网络生存手册）
书名原文: Digital Citizens: My Digital World
ISBN 978-7-5217-1946-8

Ⅰ. ①我… Ⅱ. ①本… ②迭… ③小… Ⅲ. ①互联网
络－青少年读物 Ⅳ. ①TP393.4-49

中国版本图书馆CIP数据核字（2020）第101556号

我的网络世界说明书
（给孩子的网络生存手册）

著　　者：[英]本 · 哈伯德
绘　　者：[阿根廷]迭戈 · 魏斯贝格
译　　者：小砂

出版发行：中信出版集团股份有限公司
（北京市朝阳区惠新东街甲 4 号富盛大厦 2 座　邮编　100029）
承 印 者：北京联兴盛业印刷股份有限公司

开　　本：889mm × 1194mm　1/16　　印　　张：2　　字　　数：30千字
版　　次：2020年9月第 1 版　　印　　次：2020年9月第 1 次印刷
京权图字：01–2020–3266
书　　号：ISBN 978–7–5217–1946–8
定　　价：109.00元（全6册）

出　　品　中信儿童书店
图书策划　如果童书
策划编辑　陈倩颖
责任编辑　房阳
营销编辑　张远　邝青青
美术设计　佟坤
内文排版　北京沐雨轩文化传媒

目 录

网络世界说明书

只要登录了互联网，我们就融入了这个巨大的网络世界。在这个世界里，我们可以使用智能手机、平板电脑或者台式电脑等各种设备与全球数十亿人互动交流。全球网络社会就是由这些登录了互联网的人共同组成的。如果你也使用了互联网，你就和他们一样一起构成了网络社会。那么，进入网络世界意味着什么呢？

现实世界和网络世界

在现实世界里，我们每个人都是公民，享有法律规定的权利并应履行相应的义务。对公民来讲，具备良好的素养，懂得照顾好自己和他人，并且乐于为建设更美好的社会贡献自己的力量，这些非常重要。在网络世界也是一样的，但网络世界比街道社区、城市和国家都大得多，它覆盖全球，而且没有边界。因此，要将网络社会打造成一片属于大家的安全、有趣、精彩无限的天地，需要我们所有人的共同努力。

遨游网络世界

很多时候，我们总感觉网络世界和现实世界完全不同，但实际上它们的联系非常紧密。在现实中，通过使用互联网满足日常需求，我们就能把这两个世界融合在一起。这本书要探讨的就是我们要达到这个目的该如何安全上网。

网络给我们带来了哪些便利

如果没有了互联网，你能想象出生活会是什么样的吗？在互联网上，我们可以通过文字消息、语音消息进行沟通，可以获取信息，可以听音乐、看电影、玩游戏，还可以购物！对网络用户来说，互联网已经成为日常生活的一部分了。

方便联络

要上网很简单，只需要一台数字设备和一个网络接口。如今，智能手机和平板电脑这样的手持设备让上网变得更加容易——只要把它们连上网络信号就行，手机运营商提供的信号（流量），或者WiFi（无线网络连接）都可以。这就是说，对许多人来讲，无论他们在哪儿，都可以一直在网上。

轻松获取信息

互联网的出现，让信息获取变得十分便捷。想知道公交车几分钟后会到达，等会儿踢球时会不会下雨，下一个节目会播放什么，动动手指上网点击几下就全都查到啦！

随时随地沟通

有了能够时刻在线的手持数字设备，我们的沟通方式在很大程度上发生了改变。如今，通过视频通话、电子邮件、社交媒体和即时消息（微博、抖音短视频、微信、QQ）等种种方式，我们基本上可以随时和亲朋好友沟通。你有没有这种感觉？有时候，发信息聊天的时间比见面的时间还多呢！

要是放学回来晚，就给我发个信息。
你能把黛西的邮件转发给我吗？
奶奶说她晚上 7 点和我们视频。

要浏览可靠的网站

我们会登录各种各样的网站，在这些网站上我们探索新事物，了解感兴趣的话题，或者学习新知识。世界上一共有十几亿个网站，我们怎么知道哪些网站是可靠的呢？

网站是什么

一个网站一般由多个网页组成。点击网页时，网站会往我们的电脑上发送一些数据包。然而，我们通常并不知道网站的操控者是谁，也不清楚网站发送来的数据包是否安全，因此我们必须小心，不要轻易相信在网站上看到的东西。

这里写着她 19 岁。
这里说她 17 岁。
你们俩说得都不对。她已经 36 岁了。

先筛选，再点击

聪明的小网民知道要从可靠的网站获取信息。网址的最后几个字母，也叫作网站域名的后缀，会给你第一道提示，它会告诉你这个网站属于哪一个类型。后缀能够显示一些相关信息，比如该网站是为了提供信息、商业用途还是没有专门分类。最常见的后缀包括下面几个。

1

edu：表示教育机构，例如小学或者大学等。

哪些网站可以放心浏览

有些网站含有不良的内容，还有一些是钓鱼网站，目的是诈骗或者窃取钱财。做一个聪明的网络使用者，就要懂得有选择地浏览网站。

要寻找可以放心浏览的网站，最简单的办法就是从学校里拿到这类网站的列表，或是请爸爸妈妈帮忙推荐适合你浏览的网站。

从社交网站或者博客上得来的信息经常不那么准确。来看看这个官方网站，这里说这个明星其实是 21 岁。

2

gov：政府机构的网站。

3

org：一般是非营利机构的网站，比如一些基金会和慈善组织。

4

com：商业机构的网站。

5

net：一般是没有专门分类的网站。

怎样安全地在线搜索

就在30年前，人们获取的大部分信息还只能来自书籍、杂志或报纸。那时候要完成作业，经常需要去图书馆查资料。现在，只需要点击几下鼠标，所需的信息就能立刻到手。与此同时，我们要注意从安全的网页上获取信息。

设置筛选程序和青少年模式

上网搜索信息是件非常有意思的事情，不过如果有可靠的大人在旁边指导，绝对是有益无害的。他们可以帮你选择输入搜索引擎的关键词，还可以利用筛选程序屏蔽掉网站上的不良信息。

除了浏览网站获取信息和娱乐，我们也经常会使用到手机APP（应用程序）。很多手机APP都可以设置“青少年模式”，来帮助我们进行浏览内容的筛选和使用时间的控制。使用应用程序前，让爸爸妈妈帮你完成这项设置吧，你将获取到更安全、更适合的内容。

如今网上几乎什么都能找到。
搜索“大象开飞机”：找到 1370 万个网页。
搜索“世界上最小的鲸鱼”：找到 233 万个网页。

使用关键词来搜索

搜索时使用关键词能让你迅速找到最有用的信息。你不必把整句话都输入搜索框，只输入几个词即可。试一试，把这句话里黄色高亮的词输入搜索引擎：非洲的第一长河是哪条河？

搜索大家对网站的评价

你知道吗？即使不点击进入网站，也可以知道网站是否有问题！方法也不难，只要把网站名称输入搜索引擎，再在后面加上“怎么样”字样进行搜索。结果就会显示以前是否有人在使用该网站的时候遇到过问题。记住，无论你因为什么登录了一个内容让你反感的网站，都可以随时退出。

怎么有的网站打不开呀？

因为它们里面有些不好的内容，可能会让你看了不舒服，就被屏蔽了。

屏蔽得好，有些内容太让人反感了，我就看过！

使用社交媒体要注意保护个人信息

我们经常使用社交媒体来跟朋友和家人联系。社交媒体就像是“在线俱乐部”，我们可以在上面发信息、传图片、发帖子，供大家留言评论。这是一种非常不错的人际交往方式，但同时我们也得注意保护个人信息。

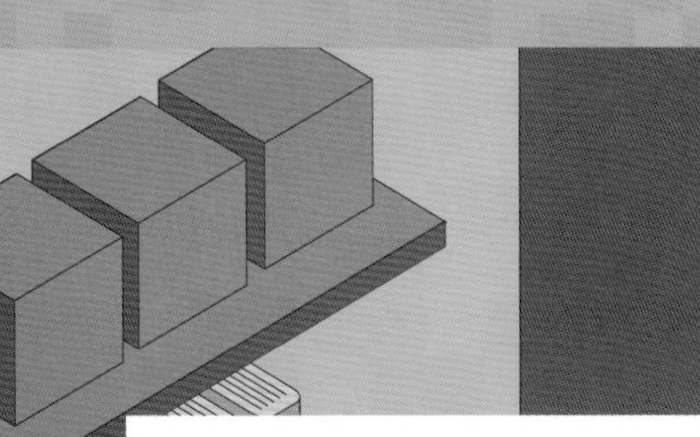

保护个人信息

上网的时候，要特别注意保护好自己的个人信息，比如你的真实姓名、家庭地址和联系方式等细节。为了不泄露这些信息，电子邮箱和社交媒体账户需要设置密码，设了密码就要注意保密，谁都不能告诉，再好的朋友也不行。另外，我们也要注意保护小伙伴们的个人信息。

设置安全密码的方法

如果你的密码里面包含了数字、字符和大小写字母，而且只有你一个人知道，那安全性就很高了。打个比方，一个名叫小丹的12岁男孩，他很喜欢猫，那么他的密码就可以设设置成这样。

1 ***OAM**（星号开头，再接“猫”的拼音大写字母倒序拼写。）

创建网络账号

不要在网上泄露自己的真实身份信息，为此我们需要创建网络账号。网络账号一般是由网名和头像组成的。还可以写上很有意思的个人简介。你可以随意选择喜欢的网名和头像来给自己“代言”。

2 **Dandangege12**（小丹的妹妹对他的专属称呼“丹丹哥哥”的拼音再加上他的年龄。）

3 **！！！**（三个感叹号，代表去年他在足球赛踢进的三个球。）

4 **=*OAMDandangege12！！！**（把前面3部分组合起来。）

分享之前先保护好个人隐私

在20世纪，人们通常通过写信告诉别人自己的近况。如今，在社交媒体主页上我们随时可以分享自己日常生活的点点滴滴。不过，你知不知道和别人分享哪些信息比较合适呢？我们应该怎么判断是不是分享得太多了呢？

避免过度分享

你的身边有没有这样的人？他们仿佛住在社交媒体主页里一样，每天都要发无数状态和照片，不断给大家分享他们做了什么、在想什么，这种分享有时候会多得让人受不了。的确，每个人都有权在网上发消息，但发之前不妨先等一等，思考一下“这到底是不是值得跟别人分享”。

然后呢？后来怎么样了？
他最终买了火腿和奶酪。

安全分享信息

要在社交媒体上安全分享信息，最重要的就是保护好个人隐私，包括我们个人计划的一些细节，如果泄露出去可能会被坏人利用。举个例子来说，放假前，你发了一个帖子分享自己的度假计划，写明了全家出行的日期，这就等于是告诉全世界那几天你家里没有人。另外一件很重要的事情，就是不要把你具体哪一天会在哪里活动的细节发到网上。我们不知道这些信息发到网上以后，会被转发到哪里去，万一被坏人看到这些信息呢？

慎重地发每一条消息

对很多人而言，电子邮件和即时消息已经成了和别人沟通的主要方式。就算把手机和平板电脑都调成静音，也不妨碍你给小伙伴继续发信息。你一定以为读完点击删除就是把信息永远删掉了吧？错啦！网上的一切行为都会永远保存在网络空间里。

我：韩老师讲课也太太太没劲了吧，而且他身上还有股味儿。

苏：你有没有看到今天他戴的领带？丑死了。

我：昨天晚上我都没做作业。太烦了，不想做。

苏：小心别让你爸知道。

我：我爸随我怎么高兴怎么来。反正我不想当杰茜那样的书呆子。

苏：就是啊，学霸的世界肯定无聊透了。

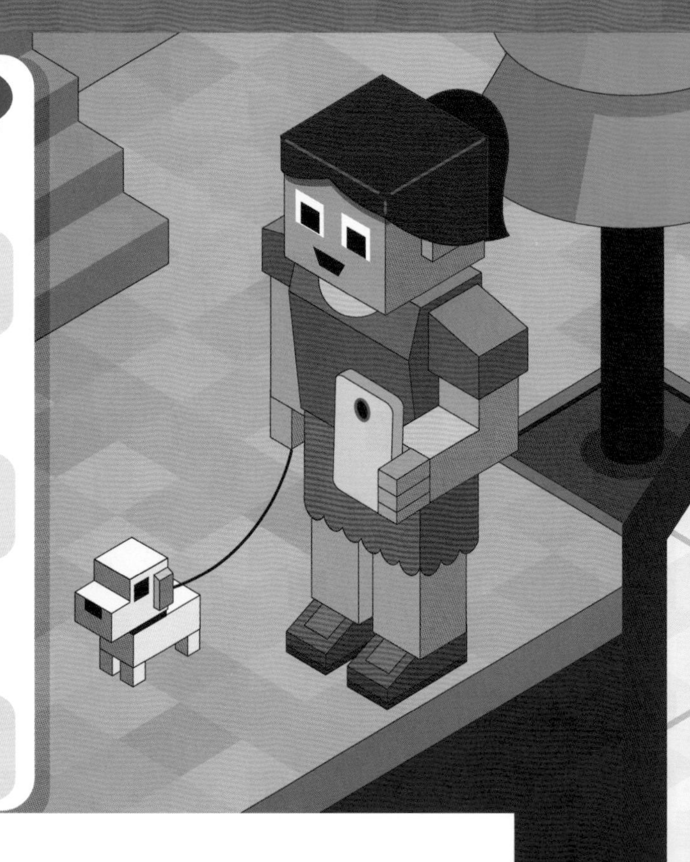

数字足迹会记录你在网上的一举一动

你在网络上的一言一行都会留下痕迹，这些痕迹就叫作数字足迹。你的数字足迹就是你在线活动的记录表，它能显示你搜索了哪些信息，访问了哪些网站，给好友发了什么信息，朋友圈、QQ空间里都写了什么，等等。虽然只有专门的计算机工作人员才能查看你的数字足迹，但它是永久存在的记录——只要留下了痕迹，想抹掉几乎是不可能的。

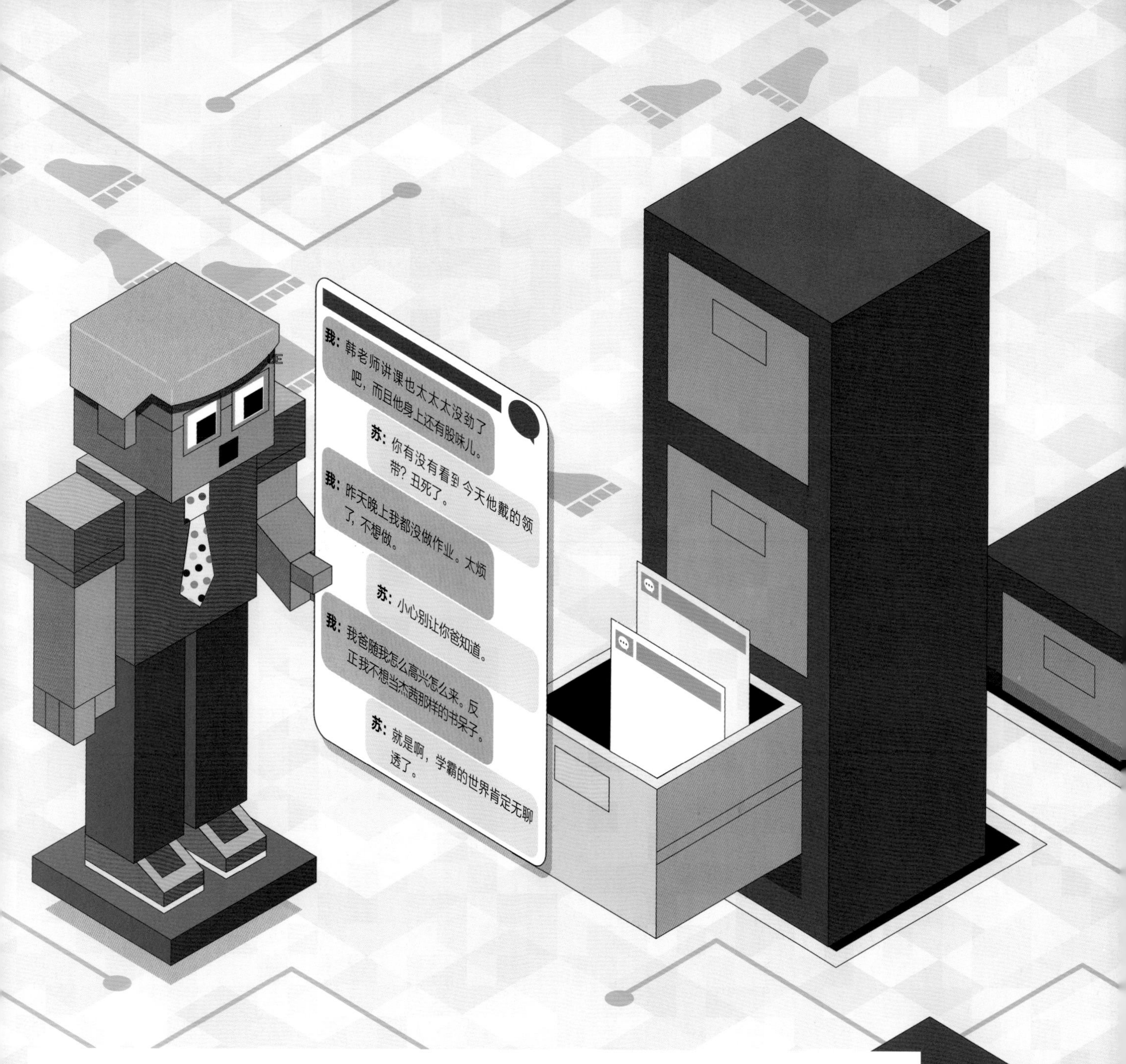

得体地发信息

一旦点击了发送，信息就会进入茫茫的网络空间，永远脱离我们的控制。这条信息可能会被转发给他人，也可能会被其他人看到，如果你的账号不幸被盗，盗用账号的人也能偷看到信息。那该怎么办呢？有个最简单的办法：保证你发的每条信息都有礼有节，不会冒犯任何人。想知道信息写得是不是得体？有个小窍门：只要问问自己敢不敢把它拿去给妈妈看，如果不敢的话，最好就不要发。

网络礼仪小贴士

在如今这个年代，很多人永远都带着手机和平板电脑，片刻也不能离手。比起直接面对面说话，我们更多的时候是通过发信息来交流。聪明的小网民懂得怎样合理使用手中的电子设备——只把它们当作通信工具来用，而不是让它们完全代替面对面的交流。下面是一些关于“手机使用礼仪”的小贴士。

尊重眼前人

和别人在一起的时候，尽量不要一直低着头玩手机，哪怕只是发信息或者打电话。不然，你就会给对方留下不好的印象，他们会觉得你轻视他们，你手机里的其他人才更重要。

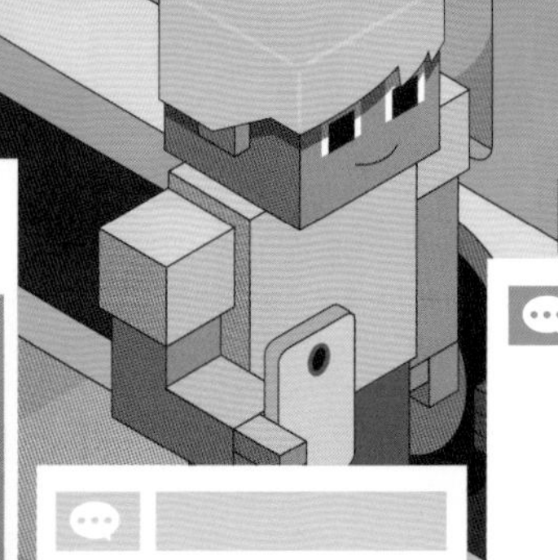

发生了好多事情，我都不知道该从何说起了。今天一开始是找不到球鞋，然后又发现忘记带午饭，还有，我姐占着洗手间不出来……

多说话，少打字

要跟别人保持联系，发信息确实是个很好的方式。但是用这种方式聊天，一点小事就可能聊半天，太浪费时间了。有时候打个电话说上几句就可以轻松解决问题，而且，打电话是一个和真人对话的好机会！

特殊场合要关机

在某些场合，即使手机已经调成了静音模式，使用手机仍然还是会影响到周围的人，比如在电影院里，或者是在家庭聚餐的餐桌上。当然，在课堂上用手机更是百分百不推荐。你应该懂得在什么时候必须关机，以便照顾他人的感受。

不干扰他人

在公共场所大声打电话、手机铃声响个不停或者将音乐外放，这些都是不讲手机使用礼仪的行为。在公共场所，接起电话最好尽快说完，并且使用耳机。

面对网络暴力，你要这样做

你有没有遭受过网络暴力呢？网上有这样一类人，他们喜欢到处挑衅，利用电子邮件、即时信息或者社交媒体发表攻击性言论，用语言对他人造成伤害。这些人也被称为网络暴民。网络暴力随时都可能发生，任何人都可能成为受害者。

网络暴力最让人头疼的问题在于你躲不开，它的影响无处不在。只要上网，就有可能遭受网络暴力，不分时间，不分地点，哪怕在自家卧室上网都可能无法幸免！遭受网络暴力会让我们感到被孤立、被抛弃，无处可逃。

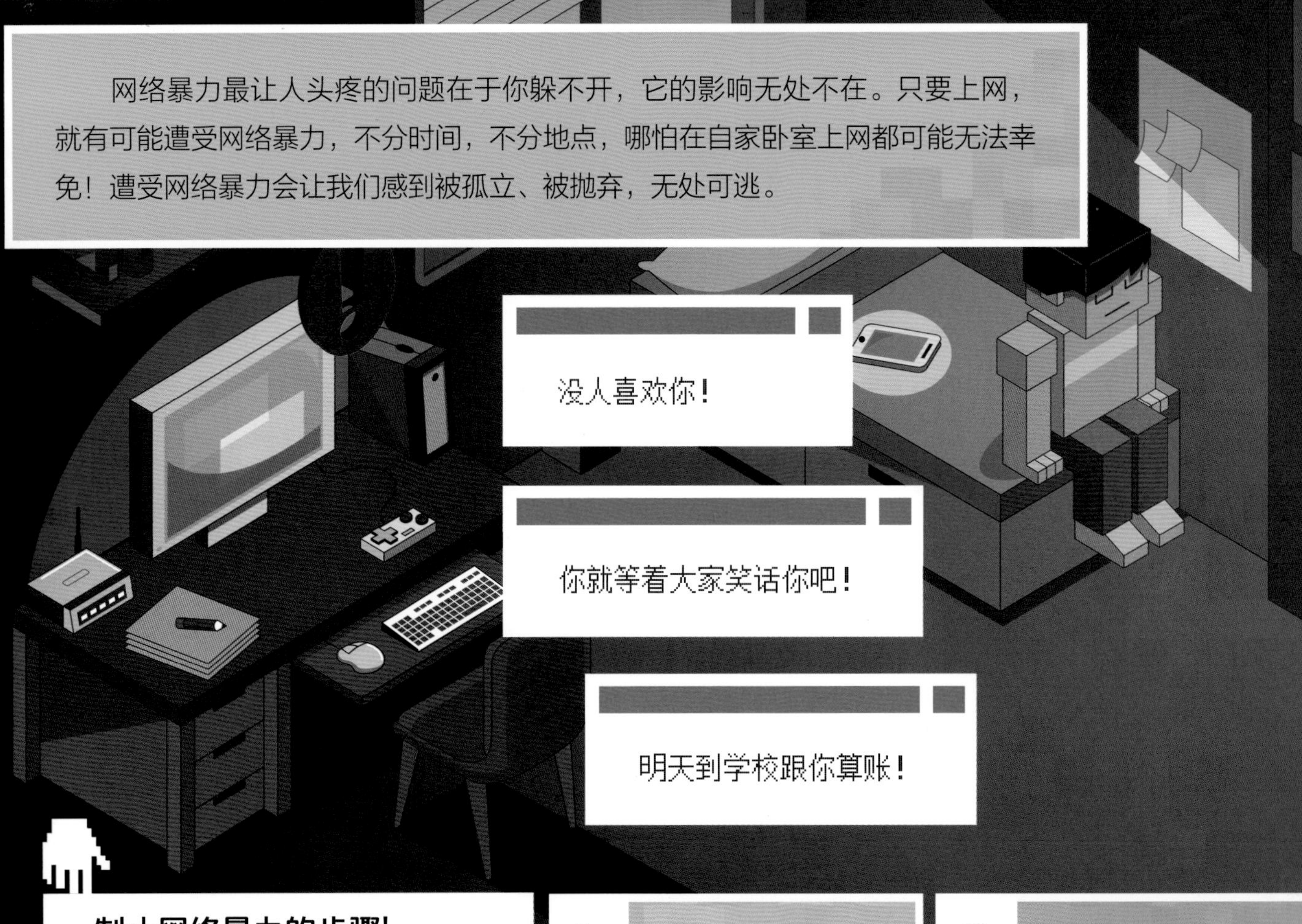

没人喜欢你！
你就等着大家笑话你吧！
明天到学校跟你算账！

制止网络暴力的步骤！

如果你遭受了网络暴力，可能会感到特别无助。以下几个应对步骤可以帮你拿回主动权。

1 **不要忍气吞声。**把遭受网络暴力的事情告诉你的父母。他们可以联系学校解决，甚至可以报警。

2 **留好证据。**把网络暴民发的消息都截图保存。不知道怎么操作的话，可以请你父母帮忙。

告诉家人和朋友

遭受网络暴力，千万要记得你不是一个人在战斗，全世界有很多很多人都遭受过网络暴力。勇于倾诉是很重要的，遇到网络暴力不要藏在心里，要把自己的遭遇告诉家人和朋友。这是制止网络暴力的第一步。

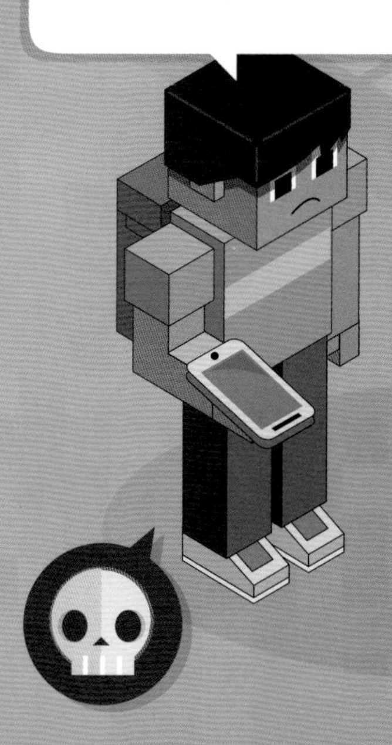

你们看，这是我昨晚收到的。
米娅前几天也收到过。
太讨厌了吧！谁这么过分，做这种事情啊！
听说你们遇到了网络暴力，别沮丧。来，我们谈谈，看看怎么解决。

3 **不要回应。**不要回复网络暴民的消息，哪怕你很想找他理论，也要先努力忍住。

4 **加黑名单。**在你的手机通讯录和社交媒体主页里把网络暴民加入“黑名单”，如果有举报选项，就把他们举报了。

5 **广而告之。**把这件事告诉你的朋友。遭受网络暴力，多一些人知道比自己一个人独自忍受强。

他人遇到网络暴力，你该怎么办

做一个合格的网络用户，有一个责任就是保护别人不受网络暴力的伤害。可能有的人会觉得“反正不是我遭殃”，于是只在一边冷眼旁观，但有一些人就会勇敢地站出来支持网络暴力的受害者。

不要袖手旁观

有些人明明看见了网络暴力事件的发生，却不愿伸出援手，只是袖手旁观。网络暴力发生时，这些人总是表示与他们没有什么相干，或者不愿意多管闲事。如果我们每个人都这样，网络暴力事件只会越来越多。

你的球鞋可真老土。
求你换个发型吧！
哟，这不是那个没人理的家伙吗？
这可真糟糕，他们又在合伙欺负山姆了。

勇于挺身而出

遇见别人遭受网络暴力，有的小伙伴勇于挺身而出，支持受害者。他们知道该怎么做，比如把事情告诉给父母或学校，就地举报网络暴力的帖子、邮件等，或者报警。就算只是表态站在受害者那一边，都会使事情得到好转。

拒绝同流合污

有时，网络暴民会怂恿别人跟自己一起欺负受害者，比如转发或点赞对受害者充满恶意的帖子。网络暴民有时还会把受害者的详细信息在网上公布出来，让大家都去欺负他们。这会给受欺负的那些人造成很大的心理压力，他们的生活往往会变得不堪忍受。在这种情况下，有人勇于挺身而出支持受害者，就比什么都重要。

我刚看到有人发了这种消息。你没事吧？
发这些消息的人都是胆小鬼，就会躲在背后说人坏话。

带着善意进行网络沟通

大家都是新一代的网络使用者，将决定未来的网络世界会变成什么模样。网上交流的习惯也会影响网络空间的氛围。我们只要在上网的时候彼此友好相待，传播善意和微笑，就一定能把网络打造成一个积极、精彩的世界。

你听说了吗？阿吉生病了，要在家卧床休息一星期。我们发个信息关心一下她吧。
你这个提议真好！

带着善意上网

在网上和别人交流时，很容易忘记对方也是活生生的人。其实，在网线另一端，拿着电子设备上网的也是跟你一样有血有肉的人，他们也有感情，有希望，有诉求。有时你一句暖心的话，也许会让他们整天都心情舒畅呢。

不要人身攻击

就算你特别不赞成别人在网上发表的评论，最好也不要搞人身攻击。换句话说，你可以告诉别人，你不赞成他们的观点或看法，但是不要说他们蠢笨、无知，不然对话很快就会变成“对喷”，也就是互相辱骂。在任何时候，这样做都没有意义，也没有任何好处。

有你这样好的朋友，我很知足。期待这周末你的病好起来，我们就能一起出去玩了！
快快好起来吧阿吉，我们都很想你！

犯了错就及时改正

我们在气头上都说过一些过分的话，事后冷静下来又很后悔。如果你在网上说了这样的话，就要及时改正，你可以向被你冒犯的人道歉，删掉伤人的消息、评论或者帖子。

适度使用互联网

做一个小网民是很有意思的，也是很重要的。互联网的普及已成定局，未来它还将对我们的生活产生巨大影响。同时，学会适时下线也很重要。很多时候，如果我们暂时离开互联网，也许会重新发现，现实生活中还有很多其他乐趣。

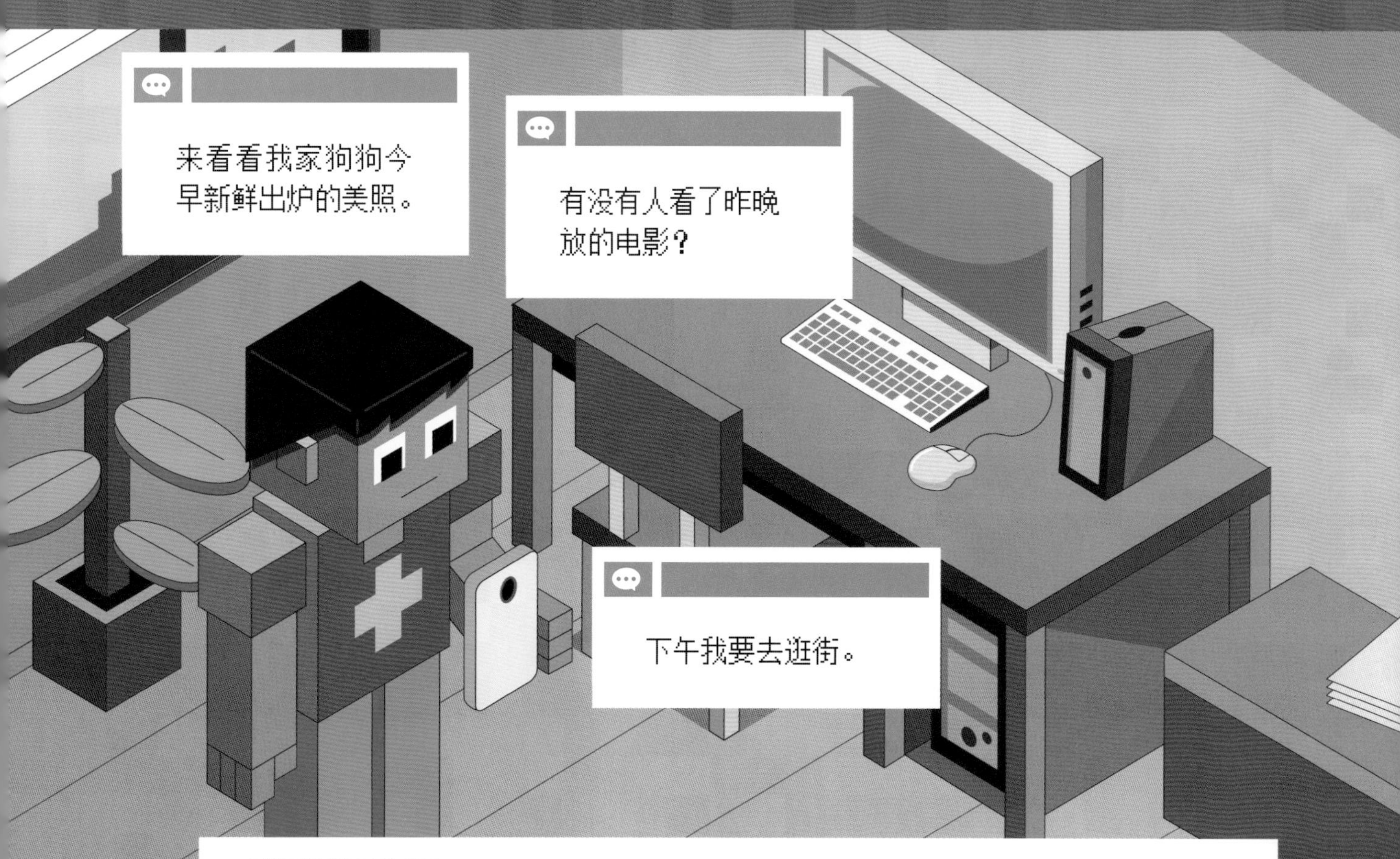

来看看我家狗狗今早新鲜出炉的美照。
有没有人看了昨晚放的电影？
下午我要去逛街。

感受线下生活

适当暂停使用互联网，可能会让我们感觉怪怪的，好像和世界不同步了，甚至有点儿无所适从，但这仍然值得尝试。哪天你可以试一试，关掉所有的电子设备，不带手机出门逛逛。你也可以试试和小伙伴们出去玩一天，谁都不要用手机。也许这么做会让你感受到前所未有的自由。

问问自己：真的需要看手机吗？

我们一般都是因为无聊或者不知要做什么，才拿着手机不放。我们可以问问自己：真的有必要时刻盯着手机吗？其实在很多时候，把手机放在口袋里不去看它，甚至关机一会儿，也没什么问题。

要不，我们都把手机关一会儿，好吗？
好主意！

不看手机，也不会错过整个世界

正因为我们习惯了无时无刻不在线，一旦突然有一段时间不上网，就总觉得会错过什么重要的东西似的。不过一般来讲，下线一段时间之后再上网，会发现其实网上的一切还跟我们离开的时候差不多，没什么大变化。如果你真的担心错过重要信息，那就在电子邮箱或者社交媒体主页设置自动留言，告诉大家这段时间你暂时断网，休息一下，并留下紧急联系方式。

小测验

看到这里，本书就要结束了。你对网络世界有什么思考呢？你学到了多少新东西，又记住了多少呢？做做下面这个小测验，看看最后你能答对多少题。

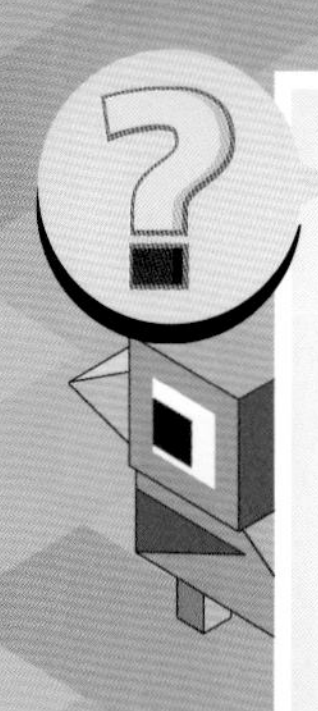

1. 看到别人遭受网络暴力，你应该怎么做？

A. 关掉手机，抠掉电池

B. 跟网络暴民做朋友

C. 把事情告诉给父母

2. 如果你一整天都不开手机，会发生什么事情？

A. 你所有的网络好友都会把你删掉

B. 世界末日会不打招呼突然降临

C. 你会有一段属于自己的时间来做上网以外的事

3. 下面哪条信息比较有趣，适合分享到社交媒体上？

A. 你早饭吃了什么

B. 你早上11：17的精神状态

C. 你去玩滑翔伞的精彩照片

4. 如果你想查“鱼类以什么为生”，搜什么关键词最好？

A. 鱼/海带/食物

B. 鱼/食物/吃

C. 食物/鱼/薯条

5. 我们在网络上活动，留下的痕迹叫什么？

A. 数字足迹

B. 数字手印

C. 数字脚步

6. 把下面哪句话发给别人，能实现在线传递微笑？

A. 一句赞美别人的话

B. 一个让别人去看牙医的建议

C. 一封空白电邮

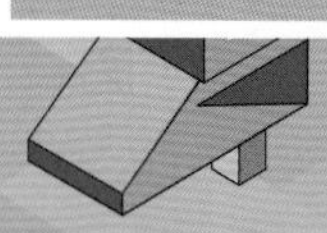

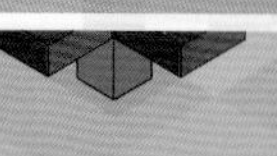

7. 和小伙伴出去玩的时候，你应该多久查看一次手机呢？

A. 尽可能多看几次

B. 过一刻钟就看一次

C. 尽量不看手机，毕竟正在跟现实中的小伙伴一块玩

8. 以下哪个是看手机的恰当理由？

A. 距离上次看手机已经过了整整3分钟了

B. 你实在无聊，不知该干什么好

C. 别人给你打电话

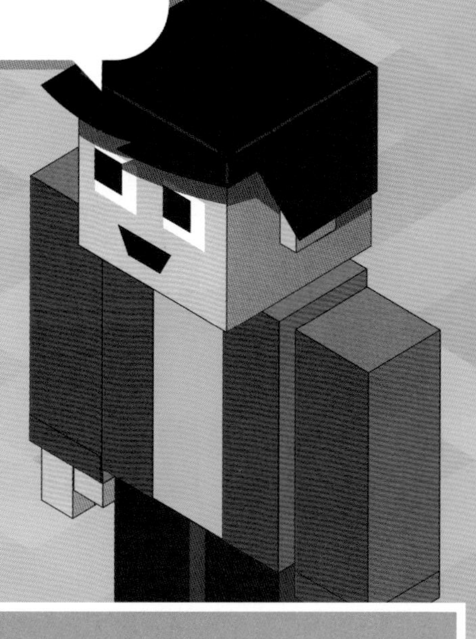

1～4道：

再接再厉，重做一遍，争取超过4道。

5～7道：

做得不错，通过测验！再做做其他册的小测验，看看能不能通过。

8道：

哇，全对哟！你真是天生适合做网络小达人！

答案： 1.C 2.C 3.C 4.B 5.A 6.A 7.C 8.C

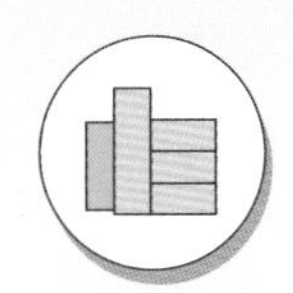

词汇表

头像

人们在网络上用于自我标识的图标或图片。

屏蔽

防止他人给你发垃圾信息的方法之一；或指不被允许访问某个网站。

网络暴力

在网络上发生或者借助网络应用程序进行的欺凌。

即时消息

又称即时通信，指可以在线实时交流的工具，也就是通常所说的在线聊天工具。

互联网

让全球数十亿计算机可以彼此连接的超大型电子网络。

在线

通过电脑或其他数字设备连接到互联网。

网名

是大家在注册各种网络账户的时候给自己起的名字，目的之一是隐藏自己的真实身份。

搜索引擎

互联网上的一种软件系统，可以根据你输入的关键词，呈现在网络上搜索到的相关信息。

社交媒体

网络用户彼此之间用来分享内容和信息的网络平台，主要包括：微博、微信、QQ 空间、短视频平台等。

网站

一个网站通常由多个网页组成，其数据储存在某台电脑服务器上，并允许大家通过互联网来访问。

大家都是怎么上网的

小朋友，你在平时上网的时候都会做些什么？你好奇其他人都是怎样使用互联网的吗？下面的这些信息可以帮助你了解我国青少年上网的一些基本情况。*

1.大家都是怎么上网的

6~10岁首次接触互联网	**超过60%**
手机上网	**近90%**
使用网络主要是为了学习	**占比约60%**

2.大家每天都花多少时间上网

近半数的青少年每天上网时长都能控制在2小时以内，约四分之一的青少年每天上网时长达到2~4小时。除去必要的学习时间，上网时间已经在他们的日常生活时间安排上占据首位。

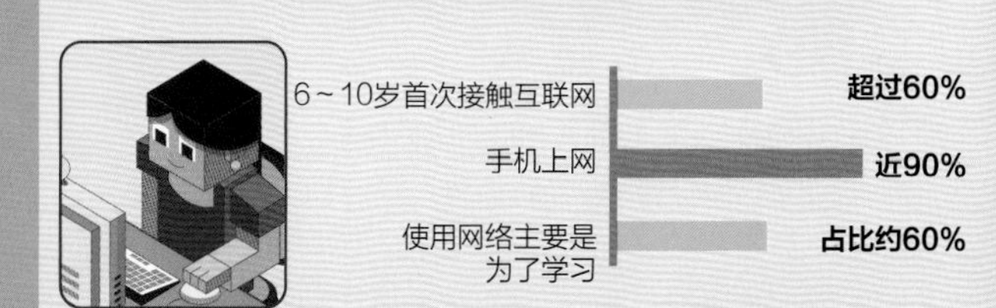

约50%

青少年每日上网时长小于2小时

2小时

超70%

青少年每日写作业时长大于2小时

3.男孩和女孩上网做的事情一样吗

虽然娱乐是青少年最喜欢的上网领域，但男孩和女孩的网络兴趣点有明显差别。女孩更加关注影视、明星和购物等，男孩则更关注游戏和动漫类的内容。

4.青少年上网面临的主要风险是什么

我国小网民主要面临着网络违法侵害、不良信息影响、个人隐私泄露和网络沉迷成瘾四个方面的网络风险。这些都是你在上网时应该当心的问题。

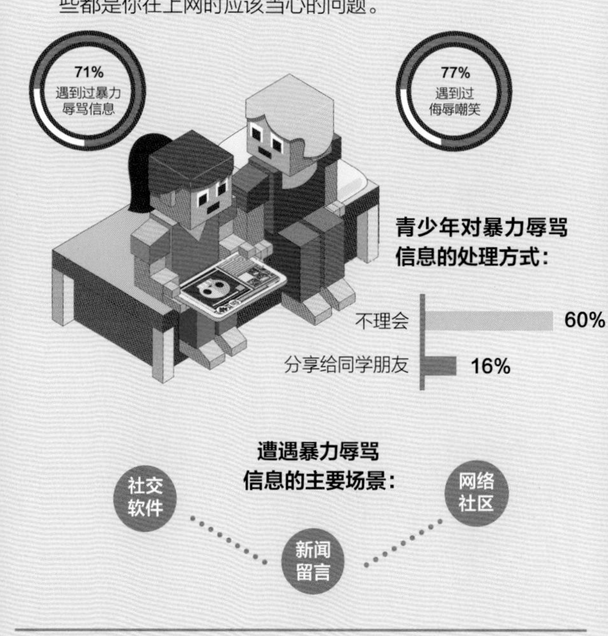

青少年对暴力辱骂信息的处理方式：

不理会	60%
分享给同学朋友	16%

遭遇暴力辱骂信息的主要场景：

社交软件　新闻留言　网络社区

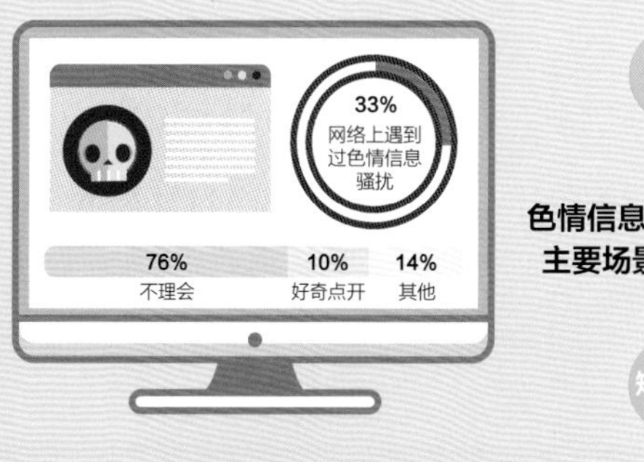

色情信息骚扰主要场景：

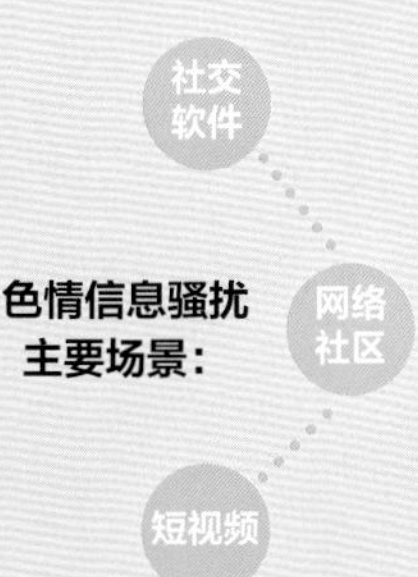

***数据来源：《2018中国青少年互联网使用及网络安全情况调研报告》**

我的网络使用承诺书

我已经了解了网络的作用。上网可以让我获取信息、与人沟通、学习娱乐。我也知道了网络世界是充满风险的，需要有足够的安全意识加以防备。

作为一个合格的小网民，我愿意遵守下面这些网络使用规定。

1) 只在学校和家里使用网络，不前往网吧等营业场所上网。

2) 合理安排自己的时间，在完成作业的前提下，每天最多上网不超过 2 小时（其中非学习目的的上网时间不超过 1 小时）。如有其他需求，先与父母商量。

3) 有网络安全意识，对自己的网络账号设置密码并保密。

4) 不随便在上网时公布自己的个人信息，包括电话、家庭住址、照片等。

5) 有选择性地浏览网站，拒绝暴力、色情、不适合年龄的网站信息。

6) 拒绝网络暴力，文明上网，不恶意中伤他人，不转发伤害他人的信息。

7) 在需要安静的公众场合保持电子设备静音。

8) 不沉迷网络和游戏。关注自己的网络身心健康，关心现实世界的生活和身边的人。

签署人：

监督人：

日　期：

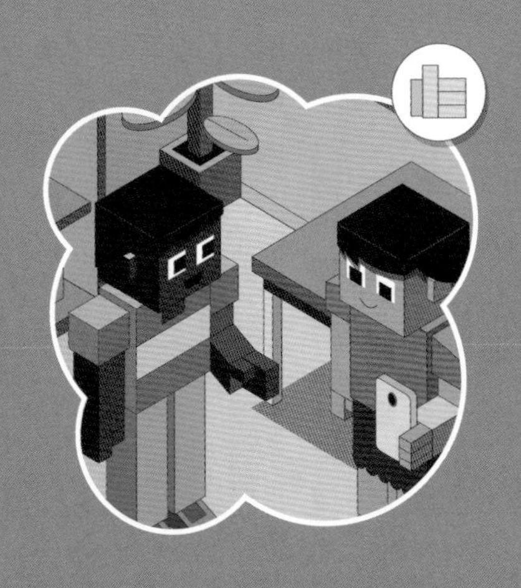

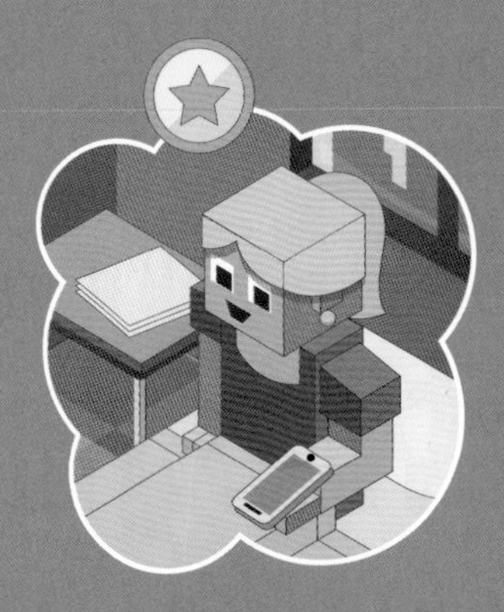